"十四五"职业教育国家规划教材

大数据／人工智能系列教材

图说图解机器学习
（第2版）

耿　煜　弭如坤　李　钦　张运生　严立超　卢　忱　著

U0281053

电子工业出版社

Publishing House of Electronics Industry

北京·BEIJING

内 容 简 介

本书坚持立德树人的根本任务，与行业企业共同开发，践行"做中学，学中做"的教学理念。全书以"图说图解，自上而下，够用即止，实战掌握，思政浸润"为指导思想，采用图形化软件 KNIME 通过拖、拉、拽等直观操作，完成从简单到复杂的机器学习项目。本书内容分为三大部分：人工智能入门、机器学习和深度学习。本书适合作为人工智能入门者、技术应用者，以及高职高专理工科学生和本科非理工科专业学生的学习教材。

图书在版编目（CIP）数据

图说图解机器学习 / 耿煜等著 . -- 2 版 . -- 北京：
电子工业出版社, 2024. 11. -- ISBN 978-7-121-49082
-8

Ⅰ. TP181-64

中国国家版本馆 CIP 数据核字第 2024HP3817 号

责任编辑：王艳萍
印　　刷：河北鑫兆源印刷有限公司
装　　订：河北鑫兆源印刷有限公司
出版发行：电子工业出版社
　　　　　北京市海淀区万寿路173信箱　邮编　100036
开　　本：787×1092　1/16　印张：15.25　字数：390.4 千字
版　　次：2019年7月第1版
　　　　　2024年11月第2版
印　　次：2025年2月第2次印刷
定　　价：59.00元

凡所购买电子工业出版社图书有缺损问题，请向购买书店调换。若书店售缺，请与本社发行部联系，联系及邮购电话：（010）88254888，88258888。

质量投诉请发邮件至 zlts@phei.com.cn，盗版侵权举报请发邮件至 dbqq@phei.com.cn。

本书咨询联系方式：（010）88254609 或 hzh@phei.com.cn。

前言

1. 创作经历

本书作者团队大部分成员就职于深圳信息职业技术学院（以下简称信息学院）。作者们初入职信息学院时，感觉凭借自己高学历教专科生简直是大材小用，但是往往几节课后就深感到拳头打在棉花上，甚至是如履薄冰。几乎任何一个公式都能让学生们面面相觑，几乎任何一个算法都能让学生们变成"大眼瞪小眼"。学生经常单刀直入地提问题，简单粗暴："老师，我学了这个能干什么"，而鲜有学生会问："这个问题怎么做""这个问题哪里出错了""我这样做行不行"。但是一旦"能干什么"的问题明确了，随之而来会源源不断地问"怎样做"甚至为了获得一个更好的结果通宵达旦。各种"惨痛"的经历告诉我们，不解决目标问题，大多数学生没有兴趣；不解决复杂度问题，大多数学生无法真正掌握知识。

"教学"不仅是教师对知识的"输出"，更是学生对知识的"输入"。我们深刻体会到，解决"学"的问题比解决"教"的问题更为重要。因此，作者团队结合实际教学和企业培训的经验，认识到教学方式必须与学生的学习特点相适应。为此，深圳信息职业技术学院的作者们与金航数码科技有限责任公司（航空工业信息技术中心）以及深圳市人工智能产业协会的工程师们合作，将企业的真实案例与经验融入教学中，采用"图说图解、自上而下、够用即止、产教融合、思政浸润"的教学方法，为学生提供一条更为轻松的学习之路。

正如《西游记》主题曲中所唱的"敢问路在何方，路在脚下"，我们也在不断探索教学的方向与方法，力求通过实践找到一条能够真正帮助学生提升人工智能应用技能的道路，也希望学生能够真正迈开第一步。

2. 创作背景

党的"二十大"报告指出："推动战略性新兴产业融合集群发展，构建新一代信息技术、人工智能、生物技术、新能源、新材料、高端装备、绿色环保等一批新的增长引擎。"人工智能作为新的增长引擎，正以其广泛的应用场景和强大的创新能力推动各行各业的变革与升级。尤其是近年来，基于大模型的发展，人工智能技术进入了一个新的里程碑。大模型以其超强的计算能力，能够在海量数据中挖掘复杂的关联与潜在价值，提供前所未有的智能决策支持。现在，人工智能不仅是科技创新的核心驱动力，更是产业升级的重要引擎，为中国经济高质量发展注入新的活力，进一步夯实中国的全球竞争力。

3. 知识体系

全书分为三个部分，分别是人工智能技术入门、机器学习和深度学习。

人工智能技术入门：本部分涵盖第 1 章和第 2 章。第 1 章主要从历史发展的角度介绍人工智能，帮助学生了解其起源与演变；第 2 章则在技术层面打下"够用"的数学基础，并介绍 KNIME 操作的基本概念与技巧，为后续学习做好准备。

机器学习：这是本书的核心部分，涵盖第 3 章至第 9 章，依次讲解线性回归、模型优化、逻辑回归、支持向量机、决策树、深入理解决策树以及贝叶斯模型。在这部分内容中，学生将逐步掌握 KNIME 的使用，更重要的是学会机器学习的完整流程，包括数据处理、模型训练与应用等关键技术。其中，第 5 章的模型优化与第 8 章的深入理解决策树虽然不是机器学习的基础知识，但可作为深入学习的选修内容，供学生参考。

深度学习：本部分仅包含第 10 章，简要介绍深度学习的基础知识、应用技术及简单的人工智能大模型使用方法，为学生提供一个了解深度学习的入门视角。

4. 特色

本书的特色在于采用了"图说图解、自上而下、够用即止、产教融合、思政浸润"的教学方式。

图说图解　是本书最显著的特点。通过将深奥难懂的人工智能原理进行图形化呈现和讲解，本书帮助学生从概念上感知算法的核心原理，而不仅仅停留在公式的层面。大量原创的图解与开源图形化人工智能工具 KNIME 相结合，使得学生能够更加直观、快速地掌握人工智能应用技术，降低入门难度。

自上而下　的教学设计贯穿全书，围绕中小微企业的常见问题，以项目为导向展开。本书的内容主线是人工智能应用技术，辅以两条"自上而下"设计的隐线。第一条隐线是 KNIME 工具的使用，从掌握整体流程到理解操作细节，确保学生能够在大局观下掌控项目，并能深入到具体的设置细节。第二条隐线是人工智能知识与技术的递进，从宏观理解到技能掌握。通过逐步引导，学生将从简单的模型开始，深入到复杂模型，并从处理"干净"数据过渡到应对"脏"数据的实际问题。

产教融合　是本书的核心理念之一。本书由高校与企业共同开发，确保教学内容既具有理论深度又符合实践要求，实现知行合一、工学结合。通过大量来自中小微企业的真实案例，本书将新技术与新规范融入其中，帮助学生逐步掌握人工智能应用项目的开发流程，包括模型设置、数据清洗、处理非平衡数据等关键问题，确保学生不仅能学得会、做得出，还能在实际工作中灵活运用。

思政浸润　是本书的最高指导原则。在教学内容中有机融入思政元素，确保在传授技术的同时，帮助学生树立正确的价值观、人生观和道德观，引导他们成为有责任感、有理想的技术人才。

5. 本书是什么

本书是一本机器学习的入门书。

本书是一本关于机器学习应用的书。

本书的目标是使一个高中水平的读者通过本书能够入门机器学习，并掌握足够的进一步提升的能力。

本书也可以看成是机器学习图解的 KNIME 软件教程。

6. 本书不是什么

本书不研究任何机器学习公式、理论。

本书不覆盖所有机器学习模型。

本书字不多。

7. 如何使用本书

对于具有理工科背景的同学来说，建议从头至尾学习每章内容以了解每个模型的原理及其应用。对于非理工科背景或者仅仅关心模型应用的同学，可以直接阅读模型使用部分，而将模型原理部分当作手册参考即可。

每章的最后都有课后练习部分，请大家仔细思考。所有答案、模型源文件和数据都可以到华信资源教育网免费下载。

8. 编写分工

耿煜：主笔，主要负责全书的组织设计、案例分析和整体结构。

弭如坤：KNIME 实践操作与操作视频录制。

李钦：机器学习和深度理论。

张运生：案例搜集整理与筛选。

严立超：企业案例搜集整理与筛选。

卢忱：整体架构指导与案例项目指导。

9. 致谢

感谢深圳信息职业技术学院各位老师和同学的帮助，感谢金航数码科技有限责任公司（航空工业信息技术中心）以及深圳市人工智能产业协会的工程师们的协助，感谢我们的家人、朋友。没有你们的帮助就没有这本书的问世。

目录

CONTENT

▶ 第 1 章　人工智能及机器学习概述 1

　1.1　人工智能概述 2
　　1.1.1　人工智能简史 2
　　1.1.2　人工智能是什么 4
　　1.1.3　人工智能的能力 5
　1.2　机器学习概述 6
　　1.2.1　机器学习是什么 6
　　1.2.2　机器学习的任务 7
　　1.2.3　学习任务 7
　　1.2.4　机器学习要解决的基本问题 8
　　1.2.5　机器学习如何优化模型 8
　　1.2.6　机器学习工作流程 8
　　1.2.7　需要的知识 8
　1.3　深度学习概述 8
　1.4　机器学习与统计学 9
　1.5　课后练习 10

▶ 第 2 章　机器学习基础知识 11

　2.1　数学基础 12
　　2.1.1　数据的分类 12
　　2.1.2　基本统计学术语 13
　　2.1.3　回归 14
　　2.1.4　最小二乘法 16
　　2.1.5　判断拟合好坏 16
　　2.1.6　小结 18
　2.2　读图 18
　　2.2.1　数值数据的分布 18

2.2.2　分类数据的分布 ………………………………… 20

2.3　KNIME ………………………………………………… 22

2.3.1　KNIME 简介 ………………………………………… 22

2.3.2　下载和安装 …………………………………………… 22

2.3.3　KNIME 基本使用 …………………………………… 24

2.3.4　小结 …………………………………………………… 32

2.4　课后练习 ………………………………………………… 33

▶ 第 3 章　线性回归 ……………………………………… 34

3.1　简单线性回归 …………………………………………… 35

3.1.1　场景说明 ……………………………………………… 35

3.1.2　KNIME 建立工作流 ………………………………… 35

3.1.3　数据获取 ……………………………………………… 36

3.1.4　观察数据 ……………………………………………… 37

3.1.5　数据集划分 …………………………………………… 39

3.1.6　模型训练 ……………………………………………… 42

3.1.7　模型测试 ……………………………………………… 47

3.1.8　损失函数 ……………………………………………… 48

3.2　多元线性回归初步 ……………………………………… 48

3.2.1　任务及数据说明 ……………………………………… 48

3.2.2　建立基准工作流 ……………………………………… 49

3.2.3　读取并观察数据 ……………………………………… 50

3.2.4　整合界面 ……………………………………………… 59

3.3　多元线性回归进阶 ……………………………………… 62

3.3.1　优化模型 ……………………………………………… 62

3.3.2　"Forward Feature Selection" Metanode 详细介绍 .. 67

3.3.3　模型解释 ……………………………………………… 70

3.3.4　特征归一化 …………………………………………… 71

3.3.5　使用 KNIME 实现归一化 …………………………… 71

3.3.6　相关系数 ……………………………………………… 73

3.4　课后练习 ………………………………………………… 73

▶ 第 4 章　逻辑回归 ……………………………………… 74

4.1　逻辑回归基本概念 ……………………………………… 75

4.1.1　分类问题 ……………………………………………… 75

4.1.2　从线性回归到逻辑回归 ……………………………… 77

4.1.3　判定边界 ……………………………………………… 77

4.1.4　KNIME 工作流 ……………………………………… 78

4.1.5 读取数据 …………………………………… 78

4.1.6 数据处理 …………………………………… 79

4.1.7 模型训练及测试 …………………………… 80

4.1.8 模型评价 …………………………………… 81

4.2 逻辑回归实战 ……………………………………… 83

4.2.1 泰坦尼克号生存问题背景介绍 …………… 83

4.2.2 读取数据 …………………………………… 84

4.2.3 数据预处理 ………………………………… 85

4.2.4 数据可视化及删除无关列 ………………… 87

4.2.5 模型训练和测试 …………………………… 95

4.2.6 模型评价 …………………………………… 96

4.2.7 模型解释 …………………………………… 98

4.3 课后练习 …………………………………………… 99

第 5 章 模型优化 ……………………………………… 100

5.1 梯度下降 …………………………………………… 101

5.1.1 损失函数 …………………………………… 101

5.1.2 使用 KNIME 优化模型 …………………… 105

5.2 正则化 ……………………………………………… 107

5.2.1 准确性和健壮性 …………………………… 107

5.2.2 复杂的模型 ………………………………… 107

5.2.3 欠拟合和过拟合 …………………………… 108

5.2.4 正则化防止过拟合 ………………………… 110

5.2.5 使用 KNIME 设置正则化 ………………… 110

5.3 模型评价 …………………………………………… 111

5.3.1 混淆矩阵 …………………………………… 111

5.3.2 F1 分数 ……………………………………… 113

5.3.3 ROC 曲线和 AUC ………………………… 114

5.4 课后练习 …………………………………………… 116

第 6 章 支持向量机 …………………………………… 117

6.1 支持向量机基本概念 ……………………………… 118

6.1.1 支持向量机是什么 ………………………… 118

6.1.2 支持向量是什么 …………………………… 118

6.1.3 逻辑回归与支持向量机的比较 …………… 119

6.1.4 核 …………………………………………… 120

6.1.5 线性核模型调参 …………………………… 121

6.1.6 非线性核模型调参 ………………………… 122

6.1.7 C 与 γ 124

6.2 SVM 初战 124

6.2.1 问题说明 124

6.2.2 建立工作流 124

6.2.3 数据观察 125

6.2.4 模型训练与测试 128

6.2.5 观察结果 128

6.3 支持向量机解决泰坦尼克号问题 129

6.3.1 归一化 129

6.3.2 核函数 130

6.3.3 建立工作流 130

6.3.4 模型调参 133

6.4 课后练习 135

第 7 章 树类算法 136

7.1 决策树简介 137

7.1.1 决策树的特点 137

7.1.2 防止过拟合 138

7.1.3 问题解析 138

7.1.4 奥卡姆剃刀 139

7.1.5 提前结束 139

7.1.6 集成学习 143

7.2 使用决策树解决泰坦尼克号生存问题 147

7.3 决策树高级应用实战——特征工程 149

7.3.1 探索性数据分析 150

7.3.2 特征工程 159

7.3.3 异常数据处理 161

7.4 决策树高级应用实战——模型建立与比较 164

7.4.1 决策树 164

7.4.2 袋装 167

7.4.3 随机森林 172

7.4.4 提升 173

7.5 课后练习 176

第 8 章 深入理解决策树 177

8.1 决策树进阶 178

8.1.1 如何构建决策树 178

8.1.2 ID3 算法决定什么是最好的 178

    8.1.3 　CART 算法决定什么最好 181

    8.1.4 　KNIME 设置 182

  8.2 　数据不平衡问题优化 182

    8.2.1 　对多数数据降采样 183

    8.2.2 　对少数数据过采样 187

    8.2.3 　SMOTE 算法 189

  8.3 　课后练习 191

▶ 第 9 章　贝叶斯分析 192

  9.1 　贝叶斯定理 193

    9.1.1 　基本术语 193

    9.1.2 　条件概率 193

    9.1.3 　全概率公式 195

    9.1.4 　贝叶斯定理 195

    9.1.5 　试水情感分析 197

  9.2 　贝叶斯算法解决银行客户分类问题 198

    9.2.1 　工作流 198

    9.2.2 　贝叶斯算法的学习器节点 198

  9.3 　情感分析案例 199

    9.3.1 　安装插件 199

    9.3.2 　建立工作流 202

  9.4 　课后练习 206

▶ 第 10 章　计算机视觉与自然语言处理 207

  10.1 　深度学习简介 208

    10.1.1 　深度学习的关键 209

    10.1.2 　我们的目标 209

    10.1.3 　深度学习原理概述 210

  10.2 　计算机视觉著名的卷积神经网络 211

    10.2.1 　LeNet-5 211

    10.2.2 　AlexNet 212

    10.2.3 　VggNet 212

    10.2.4 　GoogLeNet 212

    10.2.5 　ResNet 213

  10.3 　KNIME 实现卷积神经网络 214

    10.3.1 　环境构建 214

    10.3.2 　安装所需的工具 214

    10.3.3 　步骤分析 218

10.4 自然语言处理 219

10.4.1 自然语言怎么数字化 219

10.4.2 知识准备：特征提取 221

10.5 KNIME 实现自然语言处理 223

10.5.1 初步体验 223

10.5.2 步骤分析 224

10.6 大语言模型 228

10.6.1 KNIME AI 助手 229

10.6.2 KNIME AI 插件 230

10.7 课后练习 231

▶ 参考文献 232

第1章

人工智能及机器学习概述

要加快新能源、人工智能、生物制造、绿色低碳、量子计算等前沿技术研发和应用推广，支持专精特新企业发展。[①]

——习近平

本章知识点

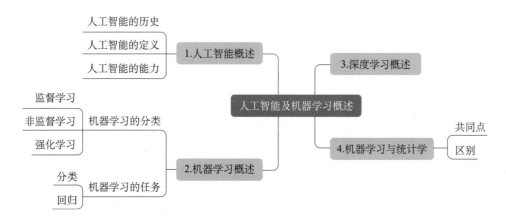

① 学习强国，习近平：当前经济工作的几个重大问题，2023-02-15

习近平总书记[①]指出："传统制造业是现代化产业体系的基底，要加快数字化转型，推广先进适用技术，着力提升高端化、智能化、绿色化水平。战略性新兴产业是引领未来发展的新支柱、新赛道。要加快新能源、人工智能、生物制造、绿色低碳、量子计算等前沿技术研发和应用推广，支持专精特新企业发展。要大力发展数字经济，提升常态化监管水平，支持平台企业在引领发展、创造就业、国际竞争中大显身手。"在这一章中，我们会一起回顾人工智能的历史，理解什么是人工智能。然后初步了解机器学习和深度学习，并大致知道机器学习和统计学之间的关系。

1.1　人工智能概述

人工智能是近年来极其热门的一门技术，人们对人工智能的态度也各有不同。我们将会从其历史出发，一步一步探寻人工智能是什么，并探索其未来发展趋势。

想一想

- 人工智能可能用到了你学过的什么知识？

- 在你的工作或者学习过程中，遇到过哪些可能是人工智能的技术？

1.1.1　人工智能简史

我们结合人工智能的历史和当前进展，从感性上了解什么是人工智能。

1. 初创期：20世纪30年代末到50年代初

最初的人工智能研究是20世纪30年代末到50年代初的一系列科学进展交汇的产物。神经学研究发现大脑是由神经元组成的电子网络，其激励电平只存在"有"和"无"两种状态，不存在中间状态。维纳的控制论描述了电子网络的控制和稳定性。克劳德·香农提出的信息论则描述了数字信号（即高低电平代表的二进制信号）。图灵的计算理论证明数字信号足以描述任何形式的计算。这些密切相关的想法暗示了构建电子大脑的可能性。

这一阶段的工作包括一些机器人的研发，例如威廉·格雷·沃尔特的"乌龟"（Turtles），还有"约翰霍普金斯兽"（Johns Hopkins Beast）。这些机器并未使用计算机、数字电路和符号推理，控制它们的是纯粹的模拟电路。沃尔特·皮茨和沃伦·麦卡洛克分析了理想化的人工神经元网络，并且指出了它们进行简单逻辑运算的机制。他们是最早描述所谓"神经网络"的学者。他们的学生马文·闵斯基当时是一名24岁的研究生，1951年，闵斯基与其他研究者一道建造了第一台神经网络机，称为SNARC。在接下来的50年中，闵斯基是人工智能（AI）领域最重要的领导者和创新者之一。

1951年，克里斯托弗·斯特雷奇使用曼彻斯特大学的Ferranti Mark 1机器写出了一个西洋跳棋（Checkers）程序；迪特里希·普林茨则写出了一个国际象棋程序。在20世纪50年

---

① 学习强国，习近平：当前经济工作的几个重大问题，2023-02-15

代中期和 60 年代初亚瑟·塞缪尔开发的西洋棋程序已经可以挑战具有相当水平的业余爱好者。游戏人工智能一直被认为是评价人工智能进展的一种标准。

人工智能诞生的标志是 1956 年召开的达特茅斯会议，在这次会议上人工智能的名称和任务得以确定。会议提出的断言之一是"学习或者智能的任何其他特性的每一个方面都应能被精确地加以描述，使得机器可以对其进行模拟。"与会者包括大量在 AI 领域重要的科学家，他们中的每一位都将在人工智能研究的第一个十年中做出重要贡献。在此次会议上纽厄尔和西蒙讨论了"逻辑理论家"，而麦卡锡则说服与会者接受"人工智能"一词作为本领域的名称。1956 年达特茅斯会议上人工智能的名称和任务得以确定，同时出现了最初的成就和最早的一批研究者，因此这一事件被广泛地认为人工智能诞生的标志。

2. 黄金年代：1956 – 1974 年

达特茅斯会议推动了全球第一次人工智能浪潮的出现。当时乐观的气氛弥漫着整个学界，在算法方面出现了很多世界级的发明，其中包括强化学习的雏形——贝尔曼公式，而强化学习是 OpenAI 训练 ChatGPT 的重要步骤。深度学习模型就是基于人工神经元网络的，其雏形叫作感知机，也是在那几年间发明的。除了算法和方法论有了新的进展，在第一次浪潮中，科学家们还造出了聪明的机器。其中，有一台叫作 STUDENT（1964 年）的机器能证明应用题，还有一台叫作 ELIZA（1966 年）的机器可以实现简单的人机对话。

这个时候，计算机可以解决代数应用题、证明几何定理、学习和使用英语，研究者们在私下的交流和公开发表的论文中表达出相当乐观的情绪，认为具有完全智能的机器将在 20 年内出现。

3. 第一次寒冬：1974 – 1980 年

正所谓"亢龙有悔"，由于当时各种客观条件的限制，人们发现逻辑证明器、感知机、强化学习等只能做很简单、很窄的任务，稍微超出范围就无法应对。其中存在两方面局限：一方面，人工智能所基于的数学模型和数学手段被发现有一定的缺陷；另一方面，有很多计算复杂度以指数程度增加，所以成为了不可能完成的计算任务。即使是最杰出的人工智能程序也只能解决它们尝试解决的问题中最简单的一部分，也就是说所有的人工智能程序都只是"玩具"。

先天缺陷导致人工智能在早期发展过程中遇到瓶颈，所以第一个冬天到来了，同时对人工智能的资助相应也就被缩减或取消了。

4. 再次繁荣：1980 – 1987 年

在 20 世纪 80 年代出现了人工智能数学模型方面的重大发明，其中包括著名的多层神经网络和反向传播算法等。应用这些算法，可实现自动识别信封上的邮政编码，且精确度可达99% 以上，已经超过普通人的水平。于是，大家又开始对人工智能产生了兴趣。

1980 年卡耐基·梅隆大学为 DEC 公司制造出了专家系统，这个专家系统可帮助 DEC 公司每年节约 4000 万美元左右的费用，特别是在决策方面能提供有价值的内容。受此影响，1982 年很多国家包括日本、美国都再次投入巨资开发所谓"第五代计算机"，当时叫作人工智能计算机。

专家系统只能模拟特定领域人类专家的技能，但这足以激发新的融资趋势。最活跃的是日本政府，意图创造第五代计算机，这间接迫使美国和英国恢复对人工智能研究的资助。但是专家系统需要一个巨型知识库，知识是固定的，简单说就是一个条件判断系统，所有知识都是人输入的，需要大量的人工来创建，很难扩展更新。如果是更复杂一点的比如国际象棋问题，需要的判断节点将会是一个天文数字。这些问题直接导致专家系统无法得到大规模应用。

5. 寒冬再袭：1988~1992 年

到了 1987 年，苹果和 IBM 生产的台式机性能都超过了 Symbolics 等厂商生产的人工智能计算机，专家系统自然风光不再。

到 20 世纪 80 年代晚期，DARPA 的新任领导认为人工智能并不是"下一个浪潮"；1991 年，人们发现日本人设定的"第五代计算机"也没能实现。这些事实让人们对"专家系统"的狂热追捧一步步走向失望。人工智能研究再次遭遇经费危机。

6. 回归：1993 ~ 2012 年

这个阶段，人工智能技术加入了统计学的方法。不过，这个时候人们往往会用新名词来掩饰"人工智能"这块被玷污的金字招牌，比如信息学、知识系统、认知系统或计算智能。不过，1997 年 IBM 的"深蓝"击败棋手卡斯帕罗夫，使得人工智能又重回大众视野。

7. 爆发：2012 年至今

2012 年，在 ImageNet 图像识别比赛中卷积神经网络 AlexNet 一举夺得冠军，且碾压第二名（SVM 方法）的分类性能。也正是由于该比赛，卷积神经网络吸引到了众多研究者的注意。

2016 年，李世石在与 AlphaGo 的围棋比赛中以总比分 1 比 4 告负，此次事件让公众的注意力大量地投向了人工智能，真正地将人工智能推向了研究和公众视野的中心。

2022 年年底，OpenAI 推出了一个叫作 ChatGPT 的聊天应用。它具有极高的语言理解能力，可以模拟人类的思维和语言表达。它的出现对于人工智能来说是一大进步，甚至引起了人们对于人工智能未来的担忧。

人工智能作为科技领域最具代表性的技术，在中国取得了重大的进展，被写进"十九大"报告中。报告指出："要深化供给侧结构性改革。建设现代化经济体系，必须把发展经济的着力点放在实体经济上，把提高供给体系质量作为主攻方向，显著增强我国经济质量优势。加快建设制造强国，加快发展先进制造业，推动互联网、大数据、人工智能和实体经济深度融合，在中高端消费、创新引领、绿色低碳、共享经济、现代供应链、人力资本服务等领域培育新增长点、形成新动能。支持传统产业优化升级，加快发展现代服务业，瞄准国际标准提高水平。促进我国产业迈向全球价值链中高端，培育若干世界级先进制造业集群。"

"二十大"报告指出："构建新一代信息技术、人工智能、生物技术、新能源、新材料、高端装备、绿色环保等一批新的增长引擎。"

人工智能将是全球新一轮科技革命和产业变革中的核心技术，最先掌握前沿技术，最先大规模应用人工智能的国家会是这一次科技革命的领导者，为此全球都在争先进行人工智能战略部署。而中国在人工智能方面不仅有得天独厚的数据优势，而且也是全球人工智能行动最早、动作最快的国家之一，早在 2015 年，人工智能的发展就得到了国家相关部门的重视和政策支持。

1.1.2 人工智能是什么

人工智能字面意义就是人造的智能（Artificial Intelligence，AI），即用机器来模仿人的智能。但是关于人工智能的科学定义，学术界目前还没有统一的认识。

根据"Artificial Intelligence: A Modern Approach",它提出了几个人工智能的定义:像人一样思考,像人一样行动,理性地思考,理性地行动。

1. 理性地思考

理性地思考这里可以理解为正确地思考。其根源可追溯到古希腊亚里士多德的理性思想。它研究正确思考的规则是什么,如果知道了这个规则,那么我们就能正确地思考,我们可以用代码写出这些规则,让机器理性地思考,进而智能化。但是很明显,这个方法难以扩展(其实这就是专家系统)。

2. 像人一样思考

那像人一样思考呢?这是一个认知论的问题。要用计算机实现人类的智能,我们就要研究我们脑子到底是怎么想事情的。这个有点像是对人脑做一个逆向工程,很难实现。难道要等到认知科学发展到高级阶段人工智能才能有突破?而且就算不能像人一样思考,就不能智能了吗?

3. 像人一样行动

我们重塑定义,从另一个角度来考虑问题,不去研究人是怎么思考的,而是研究这种思考带来了什么样的结果,也就是基于人是如何行动来研究的。这个方法可以追溯到图灵测试。

但是有个问题:你知道 756946124 的平方是多少吗?你知道 bonjour 是什么意思吗?不知道是吗?那么人工智能也不能知道,否则过不了图灵测试,但是就是这样,它都比不过计算器和电子词典。

4. 理性地行动

"理性地行动"关注如何做决策,我们致力于研究一个理性行动的系统。这里"理性地"可以理解为"最优化地"。

一种现代的人工智能解决方案,即引入了优化、统计等数学方法。人工智能应该可以最优化我们的期望结果,比如期望结果是打扫干净房间,人工智能不需要去想什么是打扫,不用去看打扫宝典,而是决定第一步做什么,然后接下来一步怎么做等行动,怎样使现在的状态更接近"干净"这个期望的结果。

1.1.3　人工智能的能力

你甚至不需要问人工智能能干什么,细心看看周围就可以发现。因为人工智能已经应用于我们生活的方方面面,比如高铁站的人脸识别、手机的语音助手等。本书中介绍的案例主要是人工智能在工商业方面的应用。借助人工智能等科技,企业可以诊断并优化制造流程,个性化设计产品并精准营销,做到将产品服务化,服务产品化。一方面,传统制造业企业不仅可以借助这些新技术提升生产效率,降低故障率,更重要的是将产品精准有效地服务于最终用户,从而达到产品服务化。另一方面,传统销售行业可以借助这些新技术精确分析每个用户的需求,实现服务标准化和定制化,从而达到服务产品化。

以制造业为例,生产设备的稳定运行是重中之重,如果能在问题出现以前及时排除问题,将会大大有利于企业生产。通过对机器运行的数据进行分析,可以实时对每一台机器的运行状况进行评估和预测,通过远程状态监测、故障预测性诊断,智能维护生产设备,降低维护的各种费用。另一方面,企业可以借助人工智能等科技直接将产品以服务的形式提供给最终用户。

以零售业为例，商家十分在意客户是新客户还是老客户，是否会流失客户、每个客户喜欢什么。假设商家拥有一套智能化平台，某客户进店的时候就会经人脸识别而判断其是否为老客户，查询历史购买记录从而推断本次购买意愿等。如果是新客户，则根据大数据信息及人脸识别出的基本信息判断其消费习惯，从而达到更精准而且更标准化的营销。甚至在某个时刻，系统判断某老客户成为了易流失客户，系统自动定向发送打折信息等。

将以人工智能为代表的高科技充分渗透到实体经济中，必将有效实现产业升级，形成经济发展的新动能。人工智能已经改变了当下，必将塑造未来。

1.2 机器学习概述

机器学习是人工智能的一种重要方法，也是现在的主流方法。这部分我们就重点介绍一下机器学习。

1.2.1 机器学习是什么

人工智能著名学者西蒙认为，学习就是系统在不断重复的工作中对本身能力的增强或者改进，使得系统在下一次执行同样任务或类似任务时，会比现在做得更好或效率更高。

如图 1-1 所示，机器学习是现代人工智能的核心，深度学习作为机器学习的一种方法，使得人工智能取得了突破性的进展。机器学习可以大致分为三种：监督学习、非监督学习和强化学习。

- 监督学习：通过标记的训练数据来推断一个功能的机器学习任务。利用一组已知类别的样本调整分类器的参数，使其达到所要求性能的过程。
- 非监督学习：在未加标签的数据中，试图找到隐藏的结构。因为提供给学习者的实例是未标记的，因此没有错误信号来评估潜在的解决方案。
- 强化学习：智能体（Agent）以"试错"的方式进行学习，通过与环境进行交互获得的奖赏指导行为，目标是使智能体获得最大的奖赏。

图 1-1　人工智能与机器学习的关系

本书将只涉及机器学习的监督学习部分，因为这部分是许多机器学习方法的基础，也是最常用的一部分。

1.2.2　机器学习的任务

下面我们以监督学习为例，看看一个机器学习任务到底要做什么。

机器学习的任务可以简单理解为总结经验、发现规律、掌握规则、预测未来。

对人类来说，我们可以通过历史经验，学习到一个规律。如果有新的问题出现，我们使用习得的历史经验，来预测未来未知的事情，如图 1-2 所示。

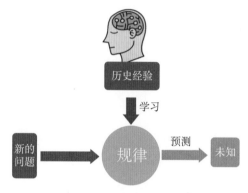

图 1-2　人类的学习任务[1]

对于机器学习系统来说，它可以通过历史数据，学习到一个模型。如果有新的问题出现，它使用习得的模型，来预测未来新的输入，如图 1-3 所示。

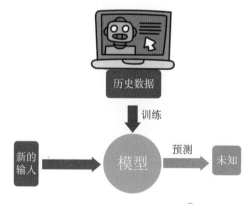

图 1-3　机器学习的任务[2]

1.2.3　学习任务

简单理解机器学习（监督学习）任务的话，它就是寻找一个输入数据 x 到输出数据 y 的对应关系：$f(x)$，使得 $y = f(x)$。假设 $f(x) = wx + b$，那么已知大量的 x 和 y，求 w 和 b 是什么。

---

① This figure has been designed using images from Flaticon.com

② This figure has been designed using images from Flaticon.com

1.2.4 机器学习要解决的基本问题

机器学习（监督学习）要解决的问题可以分为回归和分类两个问题。

● 回归：确定两个或两个以上变量间相互依赖的定量关系。比如根据一个人的年龄、性别等因素预测一个人的身高。

● 分类：将输入数据映射到给定类别中的某一个。比如根据一个人的相貌等特征，判断是男人还是女人。

1.2.5 机器学习如何优化模型

机器学习的重要问题是优化模型的参数。

我们可以找一个模型的评分标准以优化模型，然后最大化或者最小化这个分数。现在问题又转变为，这个评价标准是什么？怎么优化？这个评价标准就是**损失函数**。我们将这个损失函数的值不断降低，就是将模型的参数不断优化。在以后的课程中，我们会由浅入深地理解什么是损失函数，怎么样使用损失函数等问题。

1.2.6 机器学习工作流程

机器学习的流程可以简单概括为：数据获取、数据处理、模型训练、模型测试、模型优化。

这个流程其实和传统软件开发的流程没有太大不同。我们首先获取已知的各类数据，然后处理这些数据使其更容易运算。接着将数据输入初始化的模型中训练模型的参数 [假设 $f(x)=wx+b$，那么已知大量的 x 和 y，求 w 和 b 是什么]。最后我们通过模型测试来判断训练好的模型是否好用。随着模型的持续使用，我们也要优化模型。

1.2.7 需要的知识

机器学习是一门高深的学问，是不能速成的。但是机器学习应用是可以速成的。如果想要真正地理解并掌握机器学习，你需要有数学、编程、数据处理、英语及计算机基础等知识。但是如果是想要具备机器学习应用的基本技能，则具备一些计算机基础知识就够了。

1.3 深度学习概述

深度学习（Deep Learning）是机器学习的一个分支，是一种试图使用包含复杂结构或由多重非线性变换构成的多个处理层对数据进行高层抽象的算法。深度学习网络示意图如图 1-4 所示。

在具体应用中，深度学习主要应用于机器视觉和自然语言处理中，也应用于推荐系统中，总体来说应用于强调结果准确、不强调分析原因的系统中。对于常见的如图像识别类的应用，已经有大量的 API 可供我们调用，不需要我们自己实现，所以对于初学者，只要知道什么场景使用何种深度学习模型即可，这样用的时候直接找对应 API 就行了。

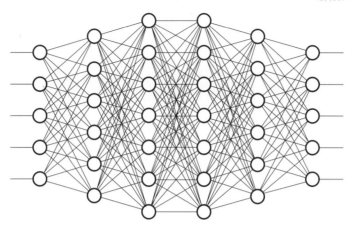

图 1-4 深度学习网络示意图

1.4 机器学习与统计学

机器学习与统计学有着千丝万缕的联系，它们经常使用类似的方法，做着类似的工作，但是分析的方法却不尽相同，需要的结果也不太一样。总之，它们既有区别，又有联系。关于二者的关系，这里总结如下。

1. 共同点

统计方法和机器学习方法的目的都是从数据中挖掘到感兴趣的信息。它们都是要找到一个函数 $f(x) = wx + b$，用 x 来解释、预测 y。

2. 区别

在刻画 $f(x)$ 的过程中，统计学家用的方法是：对 $f(x)$ 的形状和 y 的分布进行一些假设。比如说假设 $f(x)$ 是线性模型，或者 y 满足正态分布，然后来求在一定标准下最优的 $f(x)$。接着根据对数据分布的假设或者是大数定律，可以求出参数估计的不确定性，或者是标准差，进而构建置信区间。

- 优点：可以对不确定性度量。简单模型的可解释性强。当假设满足时模型科学、准确、严谨。
- 缺点：复杂情况下假设难以验证。

机器学习专家：不对 y 的分布进行过多的假设，直接通过交叉验证来判断模型好坏。

- 缺点：缺乏科学严谨性。
- 优点：简单粗暴。

人们常说"统计学家更关心模型的可解释性，而机器学习专家更关心模型的预测能力"，总体来说，可解释性强的模型会损失预测能力，预测能力强的模型往往比较难解释。网上也有很多相关讨论，有兴趣的读者可以自行搜索。

在我们的实际工作中，一定要根据合适的场景选择合适的模型和方法，不要一味地使用深度学习，其原因是深度学习缺乏解释能力，更重要的是"杀鸡没必要用牛刀"。

想一想

● 人工智能在取得许多重大突破的同时，也面临一些挑战和争议。你能提出一些人工智能技术发展过程中需要解决的伦理或社会问题吗？

_____

● 人工智能的发展不仅需要强大的算法和技术，还需要大量的数据支持。在现实中，数据隐私和安全是一个重要问题。你认为如何在保护数据隐私的前提下推动人工智能的发展呢？

_____

1.5　课后练习

1. 请观察自己身边的各类智能产品，说说它们都使用了什么人工智能技术。你认为在这些领域中，人工智能有哪些独特的优势？

2. 举例说明回归问题和分类问题的区别。

第2章
机器学习基础知识

推进教育数字化，建设全民终身学习的学习型社会、学习型大国。[①]

——习近平

本章知识点

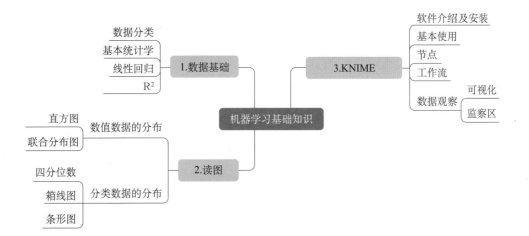

① 学习强国，习近平论学习，2023-01-19

近年来，我国促进数字技术和实体经济深度融合，推动数字化绿色化协同转型发展，数字产业化和产业数字化成效显著。"十三五"期间，中国数字经济年均增速超过 16.6%，在线教育、远程医疗、网上订餐等需求快速增长，人工智能等数字技术为教育、医疗、养老等行业赋能，持续迸发创新发展活力。2021 年 3 月 12 日，《中华人民共和国国民经济和社会发展第十四个五年规划和 2035 年远景目标纲要》对外公布。打造数字经济新优势作为一章专门列出，明确提出要"充分发挥海量数据和丰富应用场景优势，促进数字技术与实体经济深度融合，赋能传统产业转型升级，催生新产业新业态新模式，壮大经济发展新引擎"[①]。机器学习要真正发挥能动作用，就要让更多人能够应用。但是机器学习不是一门简单的学问，其背后涉及的各类知识尤其是统计学知识更是很多同学的痛点，往往导致很多同学想学机器学习但是又不敢开始。不过一门学问的入门往往不需要过多的预备知识，机器学习也不例外。本书试图解开机器学习的入门难题，没有太多的公式，还能让同学们知其然也知其所以然。

2.1 数学基础

在机器学习应用初始阶段或者应用领域，我们需要具备的数学知识主要是中学所学习的初等数学知识和基本的统计学知识，并不需要高等数学等知识，因为大量的复杂问题已经完全交给计算机处理了。

2.1.1 数据的分类

数据可以简单地分为分类数据和数值数据，如图 2-1 所示。

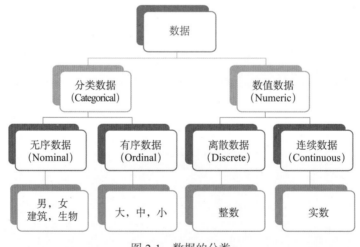

图 2-1　数据的分类

分类数据（Categorical Data）：反映事物类别的数据。如人按性别分为男、女两类。分类数据又可以分为无序数据和有序数据。无序数据顾名思义，就是没有顺序关系的数据，比如男，女。有序数据就是有大小顺序关系的数据，比如小，中，大。

---

① 学习强国，造物鼎新开画图——习近平总书记指引我国数字经济高质量发展纪实。

数值数据（Numerical Data）：数值形式的数据，比如一组青少年的身高体重，某人一个月的工作业绩等。数值数据又可以分为离散数据和连续数据。

在实际机器学习项目中，我们遇到的大多是数值数据，但是也会有分类数据。结合第 1 章的内容，同学们应该可以想象数值数据如何使用。但是对于分类数据，使用起来就没有那么直接了，大家可以发挥一下想象力，想象一下如何将分类数据带入模型。我们将会在后面内容中介绍分类数据的使用问题。

想一想

● 生活中哪些数据是分类数据？哪些是数值数据？

● 假设周围有大量建筑，楼高有 1 层，2 层到 5 层。楼高应该用分类数据还是用数值数据表示？如果楼高从 1 到 100 层都有呢？

2.1.2 基本统计学术语

1. 平均值

平均值（Mean）是统计学中的一个重要概念，是集中趋势最常用的测度值，目的是确定一组数据的均衡点。平均值可能是我们最熟悉的一个统计值，比如我们经常会在新闻中看到平均工资、平均价格等。因为用平均值表示一组数据的情况，有直观、简明的特点，所以在日常生活中经常用到。

但是平均值又是一个经常被错误使用的统计值。假设我们班有 49 个人，有一天转来一个新生，是世界首富家族的一个小孩。如果计算我们班同学的平均资产，这个任务就变得没有什么意义了，因为大家都被平均了。

2. 期望值

期望值可以简单认为就是平均值。

3. 中位数

中位数（Median）代表一个数据集中的一个数值，它可将数据集划分为相等的上下两部分。对于具有奇数个数据的数据集，可以通过把所有数据高低排序后找出正中间的一个作为中位数。如果数据有偶数个，则中位数不唯一，通常取最中间的两个数值的平均数作为中位数。对于一组有限个数的数据集来说，其中位数是这样的一种数：这群数据中的一半的数据比它大，而另外一半数据比它小。

还以我们班转来世界首富家族的一个小孩为例，根据中位数可以发现，他在不在我们班对中位数的影响很有限，所以中位数能够有效避免数据被平均的问题。

想一想

● 生活中哪些场景用中位数更好？哪些场景用平均值更好？

4. 标准差

标准差（Standard Deviation），数学符号为 σ（sigma），在概率统计中常被使用作为测量一组数值的离散程度。

5. 正态分布

正态分布（Normal Distribution）又名高斯分布（Gaussian Distribution），是一个非常常见的连续概率分布。正态分布在统计学上十分重要，经常用在自然和社会科学中来代表一个不明的随机变量。在图 2-2 中，μ 是期望，σ^2 是方差，图所示就是不同期望与方差情况下的正态分布图。其中期望为 0，方差为 1 的情况就是标准正态分布。

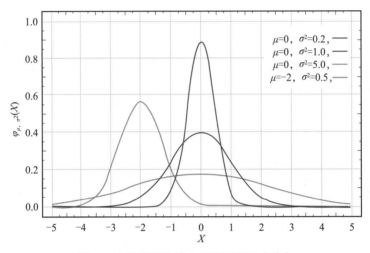

图 2-2　不同期望与方差情况下的正态分布

从图 2-3 可以看出标准差在正态分布中的体现。约 68% 数值分布在距离平均值有 1 个标准差之内的范围，约 95% 数值分布在距离平均值有 2 个标准差之内的范围，以及约 99.7% 数值分布在距离平均值有 3 个标准差之内的范围，称为 "68-95-99.7 法则"。

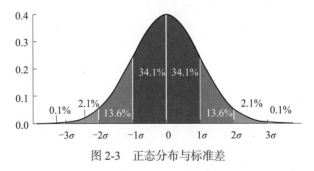

图 2-3　正态分布与标准差

2.1.3　回归

想一想

● 不要阅读下文，仅凭借 "回归" 的字面意义，想一想回归算法试图做什么？

"回归"是什么意思呢？回归其实就是回归到平均值，如图 2-4 所示。例如日常生活中，如果一个苹果值 5 块钱，那么市场价格肯定会在 5 块钱上下浮动，但是不管怎么动，都不会太离谱，价格太高或者太低的话，最终都会"回归"到 5 块钱附近；又如在生物学中，如果一个家族的人平均身高是 1.7m，假设其中一个家庭成员长得尤其高，有 2.3m 那么高，一般来说他的子女很难还有那么高的，会"回归"到家族的平均身高 1.7m 左右。站在历史的角度，回归思想同样有重要的意义。中华文明五千载绵延不绝，如浩浩江河，滋养泱泱华夏。习近平总书记在河南安阳郊

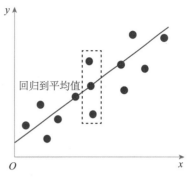

图 2-4　回归就是回归到平均值

外的殷墟遗址调研时感慨道："中华文明源远流长，从未中断，塑造了我们伟大的民族，这个民族还会伟大下去的。""中国式现代化，是我们为如何唤醒'睡狮'、实现民族复兴这个重大历史课题所给出的答案，是选择自己的道路、做自己的事情。"[1]

统计学中，回归是确定两个或两个以上变量间相互依赖的定量关系的一种统计分析方法。

在机器学习中，回归就是找到一个模型，使它预测的值回归到真实值，而不要偏离太远。

广义的回归可以简单分为线性回归和逻辑回归两种。人们常说的回归其实就是线性回归，而逻辑回归其实涉及分类问题了。

下面以简单线性回归为例，看看回归到底是什么。

1. 简单线性回归

简单线性回归处理的问题就是"$y = b + wx$"的问题。在机器学习中，y 叫作标签，x 叫作特征，w (weight) 是权重，b (bias) 是偏置。简单线性回归就是通过已知的若干个 x 和 y 求解未知的 w 和 b。

结合图 2-5 所示以年薪与工龄的关系为例，来看看简单线性回归公式的意义。

偏置就是直线与纵轴的交点，权重其实就是斜率。简单线性回归就是找到合适的权重和偏置，使这条线尽可能地接近这些点的分布。

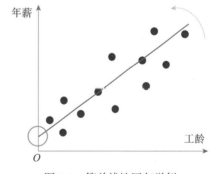

图 2-5　简单线性回归举例

想一想

● 不要考虑如何计算，假设面对着类似图 2-5 中点的分布，你能近似画出一根回归线吗？说说你为什么这么画这根回归线。

---

[1] 学习强国，"强国建设、民族复兴的唯一正确道路"——记以习近平同志为核心的党中央擘画以中国式现代化全面推进中华民族伟大复兴的宏伟蓝图。

2. 多元线性回归

和简单线性回归类似，多元线性回归的问题是 $y = b + w_1 x_1 + w_2 x_2 + \cdots + w_n x_n$，就是要通过已知的 x_i 和 y 求解未知的 w_i 和 b。比如年薪不仅仅与工龄相关，还与其他特征，比如学历、工作经历等相关，这种情况下就需要多元线性回归了。

2.1.4 最小二乘法

我们已经知道了回归是要让回归线能够尽可能地接近这些点的分布，不过怎么保证尽可能接近点的分布呢？会不会有什么衡量方法呢？我们可以用最小二乘法来解答这个问题。

如图 2-6 所示，假设观测到的实际数据点纵坐标为 y_i，从这个点做垂线，与拟合的直线交点的纵坐标记为 $\widehat{y_i}$。拟合得好的话，我们可以理解为想要让每一组 y_i 和 $\widehat{y_i}$ 尽可能地接近。但是如果采用 $\widehat{y_i} - y_i$ 的话，各个观测值与拟合值差的和 $\sum\left(\widehat{y_i} - y_i\right)$ 可能会正负值互相抵消，并不能真正反映我们需要的接近程度。所以，我们采用 $\left(\widehat{y_i} - y_i\right)^2$ 来度量每个观测点和拟合值的接近程度，它们全部相加的和 $\sum\left(\widehat{y_i} - y_i\right)^2$ 的大小用来判断整体接近程度的好坏。可以看出，这个值越小，拟合程度越好，最小二乘法要做的，就是最小化 $\sum\left(\widehat{y_i} - y_i\right)^2$。由于 $\sum\left(\widehat{y_i} - y_i\right)^2$ 度量的是所有实际数据与拟合数据偏离的程度，可以看成是一种拟合数据反映实际数据误差，或者损失，所以它也是一种损失函数。损失函数有很多种，但是总体来说就是度量实际数据和拟合数据偏离的程度。

在很多地方，经常出现均方差（Mean Square Error，MSE）概念，其实这个均方差用公式表示为 $\dfrac{1}{m}\sum\left(\widehat{y_i} - y_i\right)^2$，其中的 m 是样本数目。很明显，对于一个数据集来说，损失函数要不要除以 m 不会对拟合好坏的比较产生什么影响。

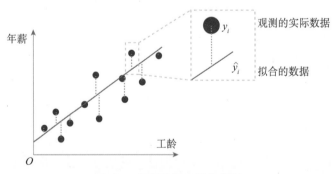

图 2-6　观测数据和拟合数据

2.1.5 判断拟合好坏

想要判断模型的解释能力，即度量响应的变化中可由自变量解释的部分所占的比例，光靠损失函数是不够的。

1.决定系数

想一想

● 假设一组数据 $X_1, X_2, \cdots, X_n$，告诉你除了 X_n 以外所有的数值，让你猜猜 X_n 是多少，你觉得下面哪个更合理：最大值、最小值、平均值还是随便猜一个？为什么？

相信大多数人都会觉得平均值更合适一些。如图 2-7 所示，如果把这个平均值画出来，然后找到每个实际的观测点到这个平均线的距离，可以算出这些距离的平方和：$\sum\left(y_i-\bar{y}\right)^2$，这里的 $\bar{y}$ 就是平均值。

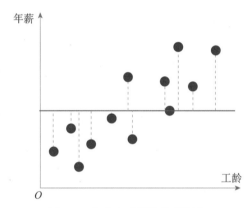

图 2-7　各个点到平均值的距离

下面给出两个定义：

$$SS_{res} = \sum\left(y_i-\widehat{y_i}\right)^2$$

$$SS_{tot} = \sum\left(y_i-\bar{y}\right)^2$$

上面第一个公式是残差平方和，用于判断观测点和回归线的接近程度，第二个公式是总平方和，用于判断各个测量点和平均值的接近程度。下面，我们定义决定系数：

$$R^2 = 1-\frac{SS_{res}}{SS_{tol}}$$

观察上面公式及图 2-8，线性回归（右侧）的效果比起平均值（左侧）越好，决定系数的值就越接近于 1。

由于我们计算的都是平方和，所以可以用正方形的面积表示。如果是求总平方和，则可以看成是数据对于平均值的残差的平方和，每个残差平方就是以数据点到平均值的距离为边长的正方形的面积，这样总平方和就是这些正方形面积之和。如果是求残差平方和，则每个残差平方就是以数据点到拟合线的距离为边长的正方形的面积，所有这些面积相加就是残差平方和。

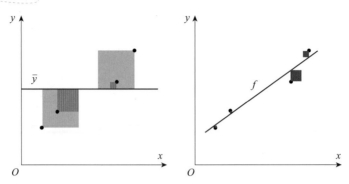

图 2-8　总平方和与残差平方和（左图为总平方和示意，右图为残差平方和示意）[1]

2. 调整的 R^2

R^2 可以较好地反映拟合的好坏，但是有一个小问题：随着自变量的增多，SS_{res} 不会变大，导致决定系数不会变小。这是否告诉我们，模型的自变量越多越好呢？事实上，模型越复杂，模型就越容易出问题，简单一些的模型才好（奥卡姆剃刀）。为了能够更公平地对比不同自变量个数的模型，我们引入调整的 R^2（Adjusted R^2）：

$$\mathrm{Adj}\,R^2 = 1 - \left(1 - R^2\right)\frac{n-1}{n-p-1}$$

其中，p 表示自变量数目，n 表示样本数目。它其实就是引入了对 p 的惩罚，p 越大惩罚就越大，这样就可以防止误认为模型越复杂越好了。

2.1.6　小结

现在，我们了解了什么是线性回归，并且知道了如何判断回归线拟合得好坏，这样就有了基本够用的进一步学习机器学习的基础知识了。

2.2　读图

在做任何机器学习项目之前，看懂数据是十分重要的一环。看懂数据最直观的方法就是读懂各种数据图表。对于机器学习工程师来说，不仅要读懂图，还要知道什么数据用什么图展示。这里介绍几种常用的图，方便以后遇到的时候能够方便地看懂数据。

2.2.1　数值数据的分布

一组数据是如何分布的，怎样快速地看出来呢？我们可以使用直方图。如图 2-9 所示，横坐标代表数据的取值，纵坐标表示数据量。直方图中每一个柱子都是一个取值范围，柱子越高表示这个范围的数据量越多。从直方图我们可以清楚地看到哪个范围的数据比较多、哪些比较少、大致的分布，进而为下一步的分析奠定基础。

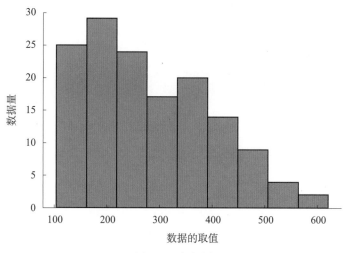

图 2-9 直方图

一维数据用直方图查看，二维数据可以画出如图 2-10 所示的联合分布图。在这个图中，中间的数据图为散点图，各个点就是数据，而上边和右边的直方图就是对应的边缘分布。以图 2-9 所示的直方图为例，一个根柱子的长度就是在某个 x 范围内，包括所有 y 值的数据总量。这个图不仅仅能看到单个数据的分布，而且能够看出数据的关系，在实际使用中会给人很多启示。很多情况下，我们仅仅查看中间的散点图。

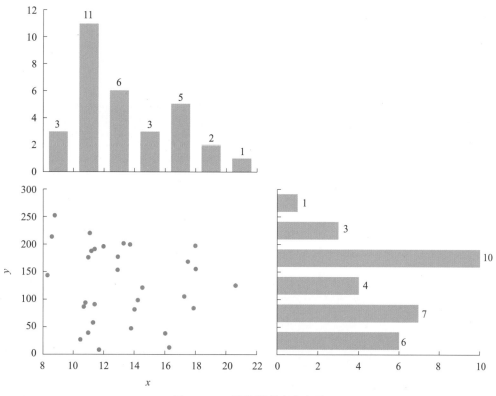

图 2-10 二维数据联合分布图

2.2.2 分类数据的分布

1. 四分位数

四分位数（Quartile）是统计学中分位数的一种，即把所有数值由小到大排列并分成 4 等份，处于 3 个分割点位置的数值就是四分位数，如图 2-11 所示。

- 第一四分位数（Q_1），又称"下四分位数"，等于该样本中所有数值由小到大排列后第 25% 的数字。
- 第二四分位数（Q_2），又称"中位数"，等于该样本中所有数值由小到大排列后第 50% 的数字。
- 第三四分位数（Q_3），又称"上四分位数"，等于该样本中所有数值由小到大排列后第 75% 的数字。

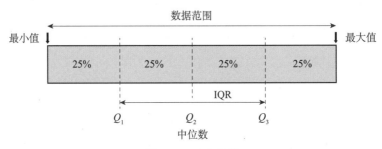

图 2-11　四分位数

- 第三四分位数与第一四分位数的差距又称四分位距（InterQuartile Range，IQR）。

2. 箱线图（箱形图）

这是一种用作显示一组数据分布的统计图。如图 2-12 所示，它能显示出一组数据的最大值（maximum）、最小值（minimum）、中位数（median）、下四分位数（first quartile）及上四分位数（third quartile）。箱子中间的线叫作中位线，箱子上下的竖线叫作胡须（Whisker），一般情况下，胡须的末端是最大值或者最小值。

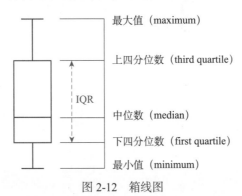

图 2-12　箱线图

最简单的箱线图展示数据分布的所有范围（最小到最大）、可能的变化范围（IQR）、典型值（中位数，注意不是平均数）。不正常的值会以异常值的形式分布在最大值和最小值之外。John Tukey（箱线图发明人）提供了以下两种异常值的定义。

- 异常值（Outliers）：最大值之上或最小值之下 3 × IQR 的数据。
- 疑似异常值（Suspected Outliers）：最大值之上或最小值之下 1.5 × IQR 的数据。

如图 2-13 所示，如果有上面的任何一种异常值，则箱线图的胡须末端为异常值截断点，称为内限（Inner Fence），位置是 $Q_3+1.5\times\text{IQR}$（和 $Q_1-1.5\times\text{IQR}$），对应疑似异常值用空心圆圈表示。类似地，外限（Outer Fence）是位于 $3\times\text{IQR}$ 处，对应异常值用实心远点表示。

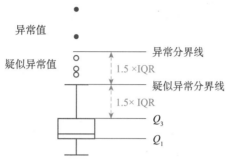

图 2-13　箱线图异常值

图 2-14 所示的箱线图与四分位数的关系，给我们一个更加直观的映像。

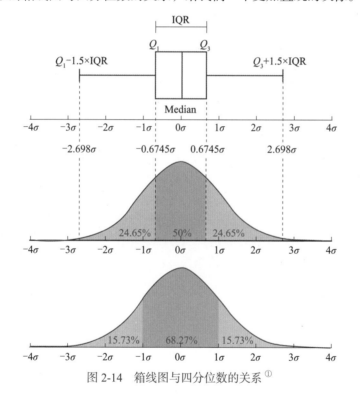

图 2-14　箱线图与四分位数的关系 [1]

3. 条形图

类似数值数据的直方图，分类数据则有条形图。通过条形图，我们可以看出每种分类（crew、first、second 和 third）的分布情况。如图 2-15 所示，横坐标表示各个分类，纵坐标给出了各个分类数据的数量（Frequency）。

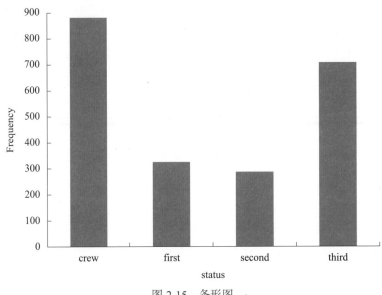

图 2-15　条形图

2.3　KNIME

工业和信息化部在《"十四五"智能制造发展规划（征求意见稿）》中提出到 2025 年，规模以上制造业企业基本普及数字化，重点行业骨干企业初步实现智能转型。到 2035 年，规模以上制造业企业全面普及数字化。[①] 机器学习技术可以为数字化转型起到强大的赋能作用。"工欲善其事，必先利其器"。在我们具体进行机器学习任务时，大多数教程和书本都使用 Python 作为工具。但是对于初学者来说，入门机器学习还要学会编程实在是让人害怕。而且在实际操作中，还可能陷入 Python 的语法等编程细节中，而却忽视了机器学习本身的理解。这里，我们采用一个图形化机器学习工具 KNIME 作为工具。KNIME 简单易用并且单机版完全免费，很适合初学者入门机器学习，同时又可以开发企业级的机器学习项目，能够有效地辅助企业的数字化转型升级。

2.3.1　KNIME 简介

KNIME（音：naim），英文全称为 Konstanz Information Miner，由康斯坦茨大学的 Michael Berthold 小组开发，是一款基于 Eclipse 开发环境的机器学习工具，采用的是类似数据流的方式来建立机器学习工作流，并且可以与其他系统集成，如 Python、Java、Tableau 等。KNIME 还有着丰富的第三方扩展，方便开展各类机器学习任务。目前，KNIME 已经在很多制造业企业中被广泛应用，并在中国的不少企业中得到了应用。

2.3.2　下载和安装

该软件的下载和安装很简单，直接到其官网下载然后安装即可。

KNIME的下载
与安装

---

① 学习强国，工业和信息化部：2025 年规模以上制造业企业将基本普及数字化。

KNIME 软件支持 Windows、Linux 和 macOS 等操作系统，本书采用 macOS 版本的 KNIME 软件进行示例。KNIME 在 2023 年 7 月对版本做了大的升级，本书所用的版本是 5.2 版，与旧版区别较大，建议读者不要选用旧版 KNIME 学习本书。KNIME 软件的安装很简单。如果使用 Windows 系统，KNIME 在安在装之前，会弹出图 216 所示的“选择安装模式”窗口，提示选择安装目录写入的用户权限。系统推荐选择“Install for me only”（仅当前用户权限），但以后每次升级和安装插件等都要开启管理员权限；如果选择“Install for all users”（所有用户权限），则所有用户有向安装目录写入的权限，这会导致一些系统安装性风险。为了以后操作方便，这里建议选择“Install for all users”所有用户权限。

Select Setup Install Mode
Select install mode
KNIME Analytics Platform can be installed for you only, or for all users (requires administrative privileges).
Install for me only (recommended)
Install for all users
取消

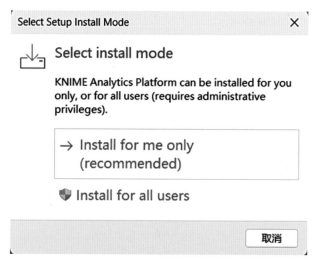

图 2-16 安装模式选择育口（Windows 系统）

安装完成后，在打开软件过程中，建议大家如图 2-17 所示设置好合适的工作路径，并建议勾选“Use this as the default and do not ask again”复选框，这样下次打开就不需要再次设置了。

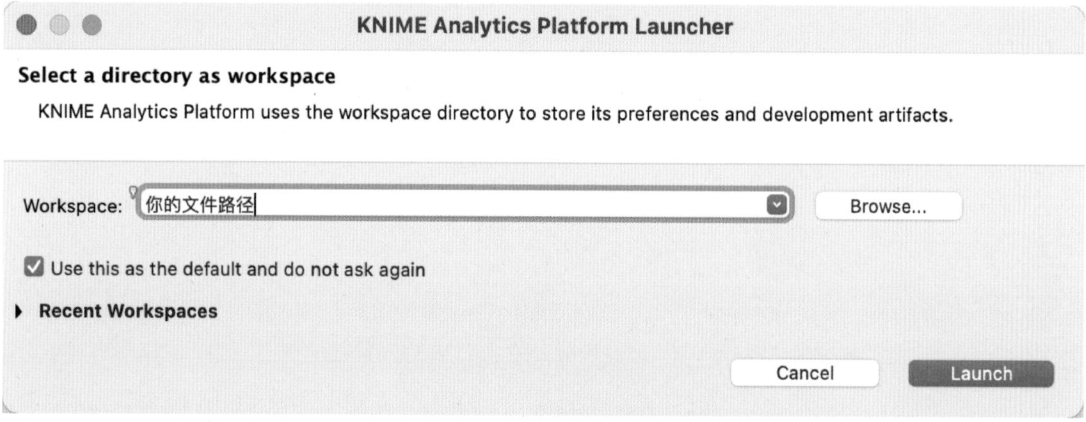

KNIME Analytics Platform Launcher
Select a directory as workspace
KNIME Analytics Platform uses the workspace directory to store its preferences and development artifacts.
Workspace:
你的文件路径
Browse...
Use this as the default and do not ask again
Recent Workspaces
Cancel
Launch

图 2-17 工作路径设置

2.3.3 KNIME 基本使用

1. 熟悉界面

软件的初始界面如图 2-18 所示。

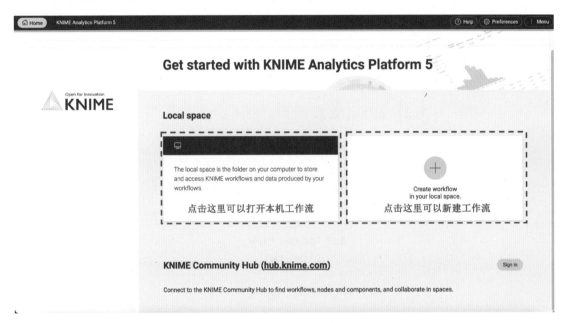

图 2-18　KNIME 初始界面

如果打开的界面类似图 2-19，则是默认进入了旧版风格 KNIME 界面，这时只要单击右上角"Open KNIME Modern UI"即可进入如图 2-18 所示新版界面。

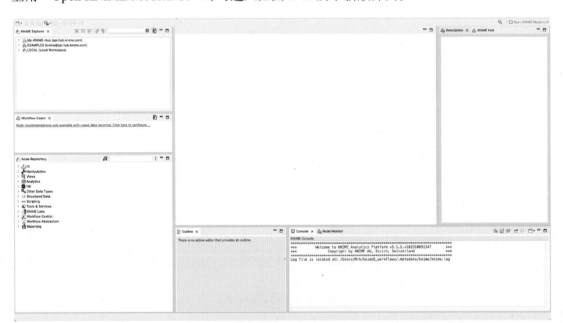

图 2-19　旧版风格 KNIME 界面

接着单击图 2-18 中左侧红框对应的按钮，进入本地工作流目录如图 2-20 所示。新安装的 KNIME 只有"Example Workflows"这一个文件夹，双击进入其内部，依次双击"Basic Examples"和"Building a Simple Classifier"，可见如图 2-21 所示工作流界面。

KNIME基本使用

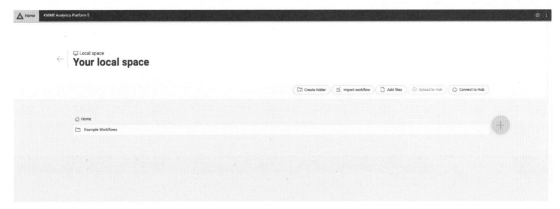

图 2-20　本地工作流目录

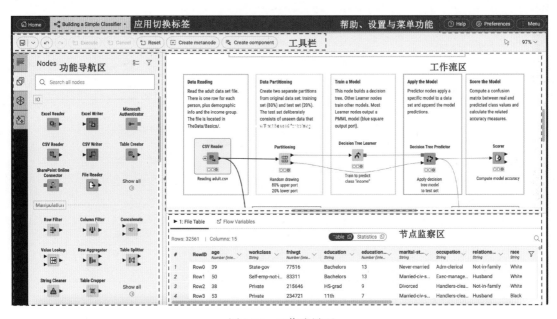

图 2-21　工作流界面

对于这类工具软件，我们没有必要一上来就研究界面。我们应该做的是知道大概有哪些功能，然后在使用中逐渐熟悉具体细节。下面简单说下各分区的功能。

- 应用切换标签：切换至主界面或其他已打开的工作流。
- 帮助、设置与菜单功能：进行 KNIME 功能设置、安装扩展包以及获取社区资源和操作帮助等操作。
- 工具栏：用于工作流或选定节点的执行、保存、撤销、重做等操作功能。
- 工作流区：对当前打开的工作流进行展示和编辑等。
- 节点监察区：显示被选中节点的输出内容及工作流变量。

● 功能导航区：具有节点帮助文档、节点仓库、工作流目录及 AI 助手。功能导航区最左侧的侧边导航栏标签功能如下：

- 帮助文档☰：查看选中节点的文档。
- 节点仓库▱：浏览节点仓库。
- 工作流目录⊗：浏览本机或云端工作流目录。
- AI 助手🖉：在 KNIME 中使用人工智能大模型。

2. 打开例子

我们继续通过一个例子熟悉 KNIME 的功能。这个工作流以及左侧功能导航区的"Description"有大量的注释，希望大家能够仔细看看。虽然是英文文档，但是语言还是比较简单的。如图2-22所示，如果单击选中工作流区左下角的"CSV Reader"，打开文档标签，可以看到此节点的描述文档。

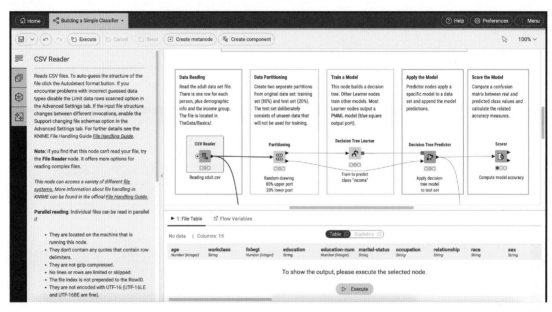

图 2-22　工作流注释

对照图 2-21 和图 2-22，可以详细了解到界面每个部分的功能。界面的主要部分，就是我们的"工作流区"。这个工作流区就是机器学习流程采用 KNIME 图形化实现的方法。

3. 节点和工作流

如图 2-23 所示，KNIME 的节点就是一个工作单元，每一个节点完成一步工作。一系列节点共同完成一个任务，形成一个工作流。

图 2-23　节点和工作流

节点有不同的工作状态，使用交通灯形式显示状态。

CSV Reader

黄灯表示待运行状态，如：。

Scorer

红灯表示待设置状态，如：。

Statistics

绿灯表示已运行状态，如：。

工具栏上设有操作按钮，根据是否选中节点分别用于单个节点和整个工作流的功能操作。当前打开的"Building a Simple Classifier"工作流节点处于黄灯及红灯状态，不要选中任何节点。当鼠标单击工作流空白区时，工具栏显示如图 2-24 所示，"Execute all"用于执行整个工作流，单击后可发现所有节点状态由黄灯或红灯变为了绿灯。此时工具栏显示如图 2-25 所示，单击"Reset all"可重置所有节点，所有节点状态又由绿灯变为了黄灯或者红灯。当鼠标单击某个未执行的节点时，工具栏显示如图 2-26 所示，其中"Execute"用于运行当前节点，单击后当前节点执行，状态变为绿灯。

图 2-24 鼠标单击工作流空白区时工具栏的显示

图 2-25 工作流所有节点都是绿灯，不选中任何节点时工具栏显示

图 2-26 鼠标单击某个未执行的节点时工具栏的显示

将鼠标悬浮在节点上，会出现节点操作按钮和节点变量端口等，节点的详细说明如图 2-27 所示。

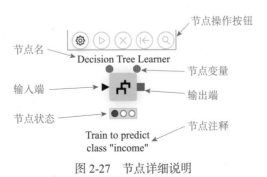

图 2-27 节点详细说明

其中节点操作按钮通常包括“Configure”（设置）、“Execute”（运行）、“Cancel”（取消）、“Reset”（重置）以及“Open view”（查看图）等功能，通过单击不同的图标可执行功能。

试一试

- 尝试不同节点设置方法，运行单个节点或者整个工作流。

4. 观察数据

在开始使用模型创建工作流前，首先观察一下我们的数据。KNIME 有一系列观察器用来观察数据，比如可以在底部的节点监察区查看数据，但是直接查看数字很难让我们建立起对数据的直观认知。

一方面，我们可以通过查阅数据统计值来对数据建立初步认知。选中“CSV Reader”节点并单击“Execute”（运行）操作按钮，如图 2-28 所示，节点监察区选择“Statistics”（统计）标签，可以观察数据的 Minimum（最小值）、Maximum（最大值）、Mean（平均值）等统计值。

▶ 1: File Table　　Flow Variables

Rows: 15 | Columns: 14　　Table　Statistics

Name	Type	# Missing values	# Unique values	Minimum	Maximum	25% Quantile	50% Quantile (Me...	75% Quantile	Mean	Mean Absolute D...	Standard Deviation	Sum	10 most common...
age	Number (integer)	0	73	17	90	28	37	48	38.582	11.189	13.64	1,256,257	36 (898; 2.76%), 31 ...
workclass	String	0	9	?	?	?	?	?	?	?	?	?	Private (22696; 69...
fnlwgt	Number (integer)	0	21648	12,285	1,484,705	117,821.5	178,356	237,054.5	189,778.367	77,608.219	105,549.978	6,179,373,392	123,011 (13; 0.04%...
education	String	0	16	?	?	?	?	?	?	?	?	?	HS-grad (10501; 32...
education-num	Number (integer)	0	16	1	16	9	10	12	10.081	1.903	2.573	328,237	9 (10501; 32.25%), ...
marital-status	String	0	7	?	?	?	?	?	?	?	?	?	Married-civ-spouse...
occupation	String	0	15	?	?	?	?	?	?	?	?	?	Prof-specialty (414...
relationship	String	0	6	?	?	?	?	?	?	?	?	?	Husband (13193; 4...
race	String	0	5	?	?	?	?	?	?	?	?	?	White (27816; 85.4...
sex	String	0	2	?	?	?	?	?	?	?	?	?	Male (21790; 66.92...
capital-gain	Number (integer)	0	119	0	99,999	0	0	0	1,077.649	1,977.373	7,385.292	35,089,324	0 (29849; 91.67%), ...
capital-loss	Number (integer)	0	92	0	4,356	0	0	0	87.304	166.462	402.96	2,842,700	0 (31042; 95.33%), ...
hours-per-week	Number (integer)	0	94	1	99	40	40	45	40.437	7.583	12.347	1,316,684	40 (15217; 46.73%)...
native-country	String	0	42	?	?	?	?	?	?	?	?	?	United-States (291...
income	String	0	2	?	?	?	?	?	?	?	?	?	<=50K (24720; 75.9...

图 2-28　查看数据统计值

另一方面，查看图形对我们初学者更加友好了。我们可以选择直方图（Histogram）来查看年龄的分布。这里对使用方法仅做一个简单介绍，具体内容我们会在项目中介绍。

首先可以在功能导航区节点仓库（“Nodes”）的“Views”分区中找到“Histogram”节点（见图 2-29），选中之后将其拖入“工作流区”中并放到合适位置。然后选中“CSV Reader”右侧三角形输出端，鼠标拖曳出一条线，将此线连接到“Histogram”左侧三角形输入端。选中“Histogram”节点后单击节点上方的“Execute”（运行）按钮或者工具栏中的“Execute”，节点状态可变为绿灯。

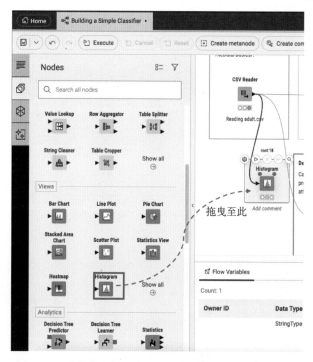

图 2-29　寻找直方图节点并与"CSV Reader"节点连接

接着双击"Histogram"节点或者单击节点上方的齿轮状"Configure"（设置）按钮，打开 Histogram 画图设置对话框。如图 2-30 所示，这里已经有了基本设置，当前我们大致看一下即可。在右侧"Data"（数据）的"Dimension"（待选择的列）中选择"age"，然后单击左侧的"Save & execute"（保存并运行）按钮对图像进行预览，如图 2-31 所示。

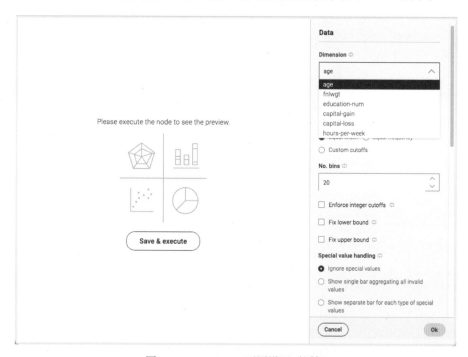

图 2-30　Histogram 画图设置对话框

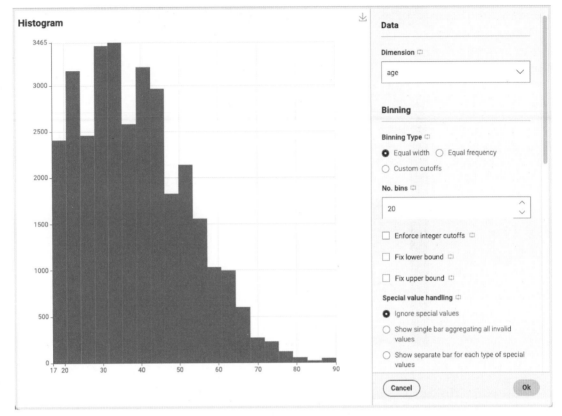

图 2-31 直方图预览

单击 "Ok" 保存设置，回到工作流区，将鼠标悬浮在节点上方后单击节点上方的 🔍 "Open view"（查看图）按钮或者右击 "Histogram" 节点，在如图 2-32 所示弹出的快捷菜单中选择 "Open view"（打开视图），即可观察绘制的直方图如图 2-33 所示。

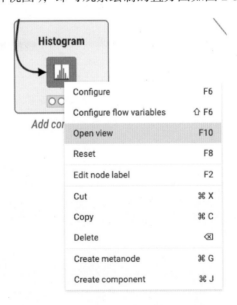

图 2-32 右键节点弹出的快捷菜单

这里简单了解 KNIME 操作即可，因为这个阶段我们只需要了解软件功能，不需要熟悉怎么使用。

Histogram

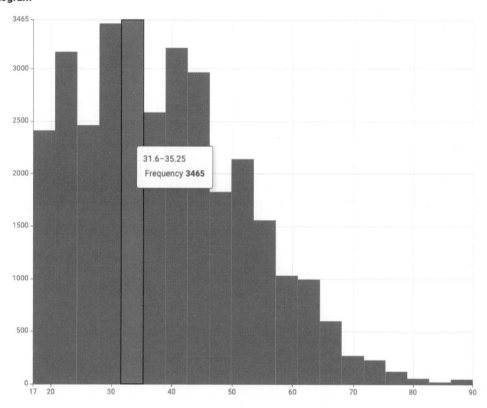

图 2-33 "Histogram" 节点绘制的直方图

想一想

● 结合各种查看数据的方法，说说你对此数据的理解。

5. 观察模型结果

我们还可以观察模型的结果，判断模型是否符合要求。单击工作流区中 "Scorer" 节点观察评分，如图 2-34 所示。将鼠标悬浮到此节点上方，选择 "Open view"（打开视图）按钮可见模型的评分结果，这里是混淆矩阵（Confusion Matrix）的评分结果，如图 2-35 所示。

Scorer

Compute model accuracy

图 2-34 评分节点

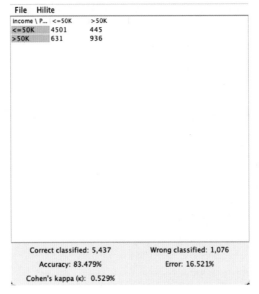

图 2-35　混淆矩阵的评分结果

也可以在节点监察区分别查看混淆矩阵和评分结果，如图 2-36 所示。

图 2-36　查看"Scorer"节点监察区的结果

在这里我们不需要知道什么是混淆矩阵，更不用知道如何评价模型，只要熟悉基本操作即可。

2.3.4　小结

上面我们大致了解了 KNIME 的功能和使用方法。至此，读者肯定还不熟悉此软件该如何使用，而且还有很多专业名词也不明白什么意思，这都没有关系。这部分的目的只是了解软件功能，而不是如何使用。不过通过该过程，我们已经发现 KNIME 具有简单易用且形象化的优点。我们将会使用 KNIME 解决各类机器学习的任务，并参加世界上大多数机器学习爱好者喜爱的 Kaggle 竞赛，真刀实枪地实践机器学习。

2.4　课后练习

1. 什么时候不建议使用平均值来说明问题？

2. 什么参数决定正态分布的"胖瘦"？

3. 简述什么是线性回归。

4. 以简单线性回归为例，说明各个参数的几何意义。

5. 从箱线图中可以看出来数据的分布吗？你认为箱线图可以用在数据异常检测吗？

6. 简述可否仅仅通过决定系数判断拟合好坏。

7. 自己发现一下 KNIME 的其他功能。

第3章
线性回归

中国回归到自己历史上正常的位置，中国人成为世界上最富有的民族，实现中华民族的伟大复兴，是我们这一、两代人的责任和使命！[①]

——胡戎恩

✒ **知识点**

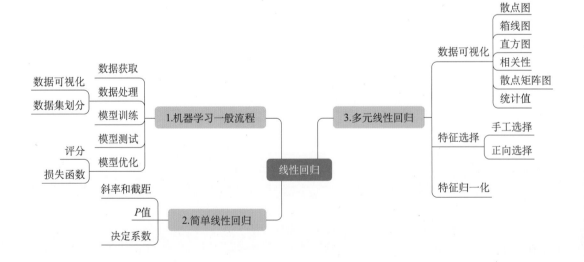

---

① 学习强国，我国构建营商环境法治指数的必要性。

回溯千年，只有创造过辉煌的民族，才懂得复兴的意义。站在一起，想在一起，干在一起。十年逐梦，充分证明：团结才能胜利，奋斗才会成功。找回"失去的二百年"，新时代的中国从"现代化的迟到国"跃升为"世界现代化的增长极"，中华民族伟大复兴进入了不可逆转的历史进程，展现出前所未有的光明前景。习近平总书记反复强调："中华民族伟大复兴，绝不是轻轻松松、敲锣打鼓就能实现的。全党必须准备付出更为艰巨、更为艰苦的努力。""实现中华民族伟大复兴，必须坚持斗争精神。"我国正处于实现中华民族伟大复兴关键时期，改革发展正处在攻坚克难的重要阶段，必须越是艰险越向前，奋勇搏击、迎难而上[①]。机器学习也有一些难点需要攻克，也有着一套自己的工作流程，有大量的细节需要注意。本章首先通过简单线性回归掌握机器学习的大体流程和 P 值等一些知识点，然后再将这些知识应用到多元线性回归中，建立起一个最基本的多元线性回归模型。接着在这个基本模型基础上，逐步添加诸如数据可视化、数据处理等模块，建立起一个真正可用的模型。

在简单线性回归中，我们使用一组假数据，方便熟悉机器学习的流程。在多元线性回归中，我们将第一次参加一个 Kaggle 数据分析的比赛，真刀真枪地完成一个实际项目。

3.1 简单线性回归

我们已经熟悉了线性回归的基本原理，下面将这些理论知识投入实战，在实战中学习更多机器学习的知识和技能。机器学习项目的一般流程如图 3-1 所示。首先获取所需数据；接着对数据进行处理，包括数据观察、数据集划分等；然后训练模型、测试模型，最后还需要持续根据损失函数等评价方法优化模型。

图 3-1　机器学习项目的一般流程

3.1.1　场景说明

在这个例子中，我们将通过员工工龄（工作年限）与工资的对应关系表，找出二者之间的关系，并预测在"未知"工作年限时，工资会有多少。

可以看出，这是一个用工作年限预测工资的简单线性回归问题。

3.1.2　KNIME 建立工作流

使用 KNIME 建立一个简单线性回归的工作流，目的是熟悉 KNIME 的操作和机器学习的一般步骤，为以后进行更复杂的工作打下基础。

一个工作流可以保存为一个文件，这个文件我们一般会把它保存在一个合适的文件夹中，在 KNIME 中就是工作流组。在左侧功能导航区单击"Space explorer"（工作目录）图

---

① 学习强国，不可阻挡的步伐——写在中华民族伟大复兴的中国梦提出十周年。

标 ⊕，返回到根目录 ⌂ Home，之后单击"More actions"（更多功能）图标 ⋮，在弹出的操作选项中有"Create workflow"选项和"Create folder"选项，前者表示建立一个新的工作流，后者表示建立一个文件夹，KNIME 中将文件夹叫作工作流组，如图 3-2 所示（笔者已建立好一个名为"ML workflows"的工作流组）。

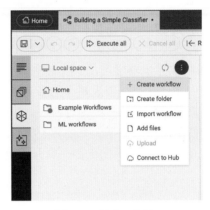

图 3-2　新建工作流

根据自己需要建立工作流或文件夹（工作流组），也可以单击软件左上角的 ⌂ Home 按钮回到图 2-18 所示的软件初始界面建立新工作流，然后我们就可以开始真正工作了。

3.1.3　数据获取

任何机器学习任务都需要数据，所以我们需要首先导入数据。

KNIME 有多种导入数据的节点，这里我们要导入 CSV 文件，可以选择"CSV Reader"。在左侧功能导航区"Nodes"的"IO"分区中直接找到"CSV Reader"或者在搜索框中输入"CSV"，可以发现下面会自动找到所有名字包含"CSV"的节点（见图 3-3）。选中"CSV Reader"，将此节点拖入工作区域后，可以发现状态显示的是待设置且有警告。待设置状态是因为我们刚刚将此节点拖入到工作流中。但是为什么会有警告呢？这是因为此节点需要读者设置数据文件的位置，如果没有设置的话，此节点一定是不能工作的，所以有警告。如果新建了一个节点，但是没有警告，仅仅是待设置状态，说明这个节点的默认设置可以保证直接运行而不出现流程错误。

图 3-3　找到所需节点

接下来就该设置该节点了。双击或者单击新建节点上方的配置按钮，在打开的对话框中，设置好数据及其位置（SalaryData.csv），如图 3-4 所示，根据是否需要第一列数据作为行名，选择或者取消"Has row ID/Has column header"（具有行 ID/ 具有列名）。这个数据文件有列名但是没有行名，所以取消选择"Has row ID"。单击"OK"按钮后，节点状态变为待运行状态。

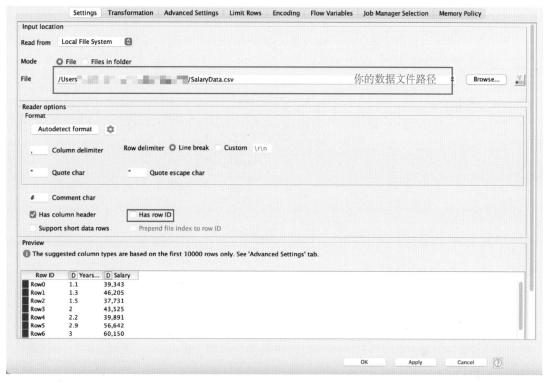

图 3-4 设置"CSV Reader"节点

试一试

- KNIME 还可以更简单迅速地创建"CSV Reader"节点。在左侧功能导航区单击"工作目录"（Space explorer）找到所需文件，尝试将其拖入 KNIME 工作流区，你能发现什么？
- 尝试选择或者取消"Has row ID/Has column header"，观察输出数据变化。

3.1.4 观察数据

观察数据是做数据分析等机器学习的第一步。这一步最基本的要求是大致查看各个数据的统计规律和大致分布。通过观察数据，我们可以初步建立对数据的感觉，感受数据之间的关系，大致了解各个特征与标签的关系，但是这一步注意不要掺入个人对数据的主观判断。

观察数据

1. 观察数据表

单击"CVS Reader"节点上方的运行按钮，运行节点，紧接着在节点监察区出现了

"CVS Reader"的输出内容，在"File Table"（文件表）一栏中KNIME默认选择了"Table"（表格）标签，如图3-5所示，在该数据表格中可以大致浏览一下数据。

图 3-5　观察数据

试一试

- "CVS Reader"节点中选择"File Table"（文件表）一栏中的"Statistics"（统计）标签，观察统计数据。你能找到平均值、中位数等信息吗？

2. 数据可视化

这里以散点图为例说明数据可视化的一般方法。在"Views"分区中找到"Scatter Plot"节点，如图3-6所示，将它拖入工作流区，并与"CSV Reader"节点相连。

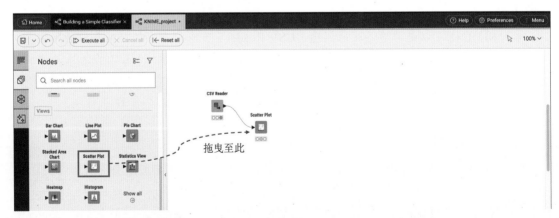

图 3-6　新建"Scatter Plot"节点并与"CSV Reader"节点相连

"Scatter Plot"节点的输入是"CVS Reader"节点的输出。单击"Scatter Plot"节点的配

置按钮，其中右侧设置区域的"Horizontal dimension"和"Vertical dimension"分别代表散点图的 X 轴和 Y 轴变量。这里 X 轴选择工龄（工作年限）"YearsExperience"，Y 轴选择工资"Salary"，然后单击左侧绘图区域的"Save & execute"（保存设置并执行）按钮对散点图进行预览，可见如图 3-7 所示界面。我们可以很直观地发现随着工龄的增长，工资不断上升。使用散点图观察的好处是我们可以看到每一个数据，但是这同时也成了它的缺点，因为看到每一个数据的代价就是细节太多，可能会迷失在细节中。

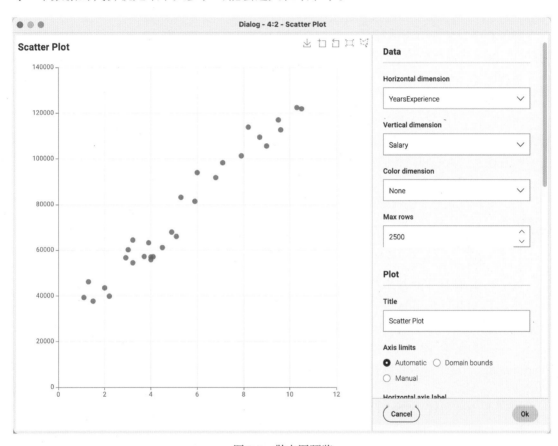

图 3-7 散点图预览

3. 添加节点注释

到目前为止，我们已经添加了三个节点，为了方便识别每个节点的功能，可以为每个节点添加注释。双击节点底部的"Add comment"（添加注释），在框中输入注释的内容，单击"√"按钮确认如图 3-8 所示。

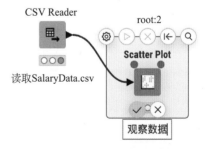

图 3-8 为节点添加注释

3.1.5 数据集划分

数据集划分是机器学习流程中极其重要的一步，直接关系到模型的有效性和可信性。

1. 训练集和测试集

我们需要将导入的数据划分为两类：训练集和测试集。

- 训练集：其作用是用来拟合模型，通过优化模型的参数来训练模型。
- 测试集：通过训练集得出模型后，使用测试集进行模型测试。

举例来说，假设我们要拟合 $y = b + wx$，最终目的是未来有了新的 x 数据，我们可以大致知道 y 的值。训练集的作用就是通过已知的 x 和 y，学习出或者训练出合适的 w 和 b 使得实际值和预测值尽可能地接近。但是如果把所有已知的 x 和 y 全部用作训练，新的数据 x 来了以后，我们没法知道预测出的 y 有多接近真实数据。这怎么办呢？这个时候我们就需要测试集了。

将所有已知数据分为两部分，多数（比如 75%）作为训练集，少数（比如 25%）作为测试集。这个时候少数的训练集的作用就是上面叙述过的作用和用法，而测试集呢？首先我们开始假装不知道 y 是多少，然后输入 x，通过 $b + wx$ 变换，算出一个 $\hat{y}$，然后比较这个 $\hat{y}$ 与数据集中的 y 有多接近，从而分析模型的好坏及其预测能力。

如何比较 $\hat{y}$ 与 y 有多接近？还记得上一章提到过的损失函数与 R^2 吗？我们可以用它们来评价。同时注意，测试集还需要满足以下两个条件：

- 规模足够大，可产生具有统计意义的结果。
- 能代表整个数据集。换言之，挑选的测试集的特征应该与训练集的特征相同。

测试集只有满足上述两个条件，才有可能得到一个很好的泛化到新数据的模型。而且一定要注意，

绝对禁止使用测试数据进行训练。

2.KNIME 操作

有了数据集划分的基本概念，我们可以用"Partitioning"节点来划分数据集。如图 3-9 所示，在节点仓库中搜索"Partitioning"，这个节点在默认搜索展示区中找不到。

数据集划分

这是因为 KNIME 5 版本对节点搜索结果的展示数量进行了限制，默认只显示基础功能节点，但是学习的机器学习大多涉及高级节点。为了更改这种默认设置，我们可以单击下方提示的 Change filter settings 按钮自动转到了"KNIME Modern UI"设置界面，如图 3-10 所示，在"Nodes included in the node repository and node recommendations"（节点仓库和节点推荐中包含的节点）选项中，更改节点仓库搜索结果中包含的节点，选择"All nodes"（所有节点），这样就可以显示所有的节点了，然后单击"Apply and Close"（应用并关闭）按钮设置生效。最后重新在节点仓库中搜索"Partitioning"便能找到该节点，将它拖入工作流区与"CVS Reader"节点相连。

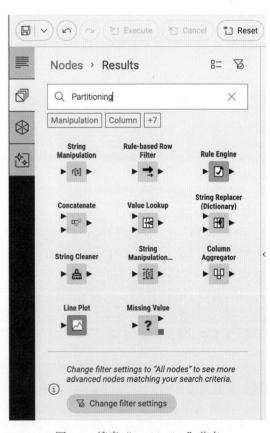

图 3-9　搜索"Partitioning"节点

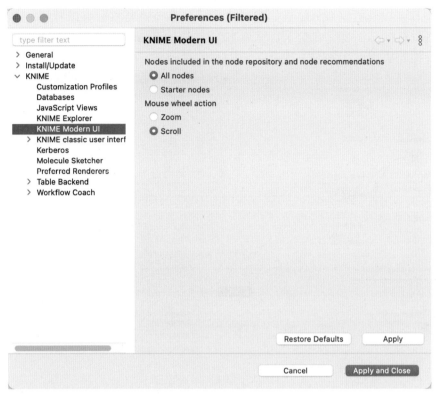

图 3-10　"KNIME Modern UI"设置界面（更改节点搜索结果的默认值）

假设训练集占已有数据的 75%，测试集占 25%。通过如图 3-11 所示的简单操作，即可划分。这个划分需要注意两点：第一个是我们选择了相对数量（Relative）的百分比，而不是绝对数量（Absolute）；第二个是采用的随机抽样（Draw randomly）。所以这个设置就是随机从原始数据中抽取 75% 的数据作为训练集。

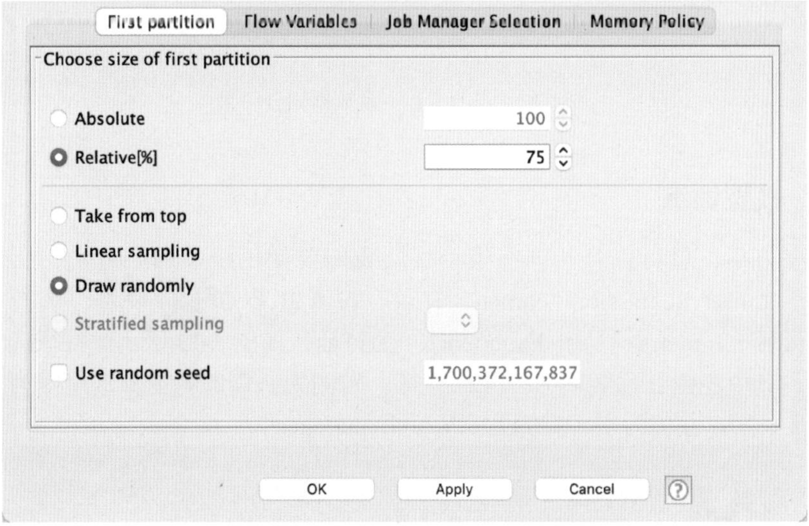

图 3-11　使用"Partitioning"节点进行数据划分

当前工作流以及数据划分结果如图 3-12 所示。在节点监察区可以看到，"Partitioning"节点的"First partition"（第一部分）数据为 22 行，"Second partition"（第二部分）数据为 8 行，可见数据是按照从原始数据抽取 75% 进行划分的。

#	RowID	YearsExperience Number (double)	Salary Number (double)
1	Row0	1.1	39,343
2	Row1	1.3	46,205
3	Row2	1.5	37,731
4	Row4	2.2	39,891
5	Row5	2.9	56,642

▶ 1: First partition (as defined in dialog) ▶ 2: Second partition (remaining rows) Flow Variables

Rows: 8 | Columns: 2   Table Statistics

#	Row...	YearsExperience Number (double)	Salary Number (double)
1	Row0	1.1	39,343
2	Row6	3	60,150
3	Row13	4.1	57,081
4	Row14	4.5	61,111

图 3-12　当前工作流及数据划分结果

3.1.6　模型训练

数据准备好后，就可以开始训练模型了。我们要使用线性回归方法，所以新建一个"Linear Regression Learner"节点。打开此节点进行设置，选择"Salary"为目标（Target），"YearsExperience"为特征，如图 3-13 所示。特征选择中有两栏，其中左侧红色区域为排除的特征，右侧为所需的特征，这里因为只有一个特征，所以左侧为空，右侧为"YearsExperience"。

模型训练

图 3-13　线性回归模型设置

将此节点的输入与"Partitioning"节点的第一个输出（这个就是训练数据）连接，如图 3-14 所示。

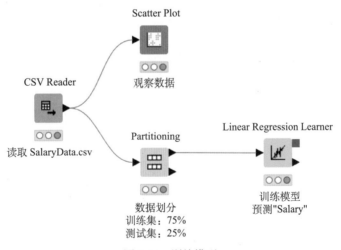

图 3-14　训练模型

运行这个节点，可以查看已训练模型的一些情况：单击节点的"Open view"或节点监控区的"Coefficients and Statistics"（系数及统计）可以查看拟合结果数据（见图 3-15），如果回到旧版风格 KNIME 界面，还能通过单击右键快捷菜单的"View:Linear Regression Scatterplot View"命令查看拟合线（见图 3-16）。注意，这一步是针对训练集的操作。可以从图 3-16 所示的拟合线结果数据中直观地看出拟合线从各个数据之间穿过。从上一章介绍过的均方差角度考虑，这条线可以最大限度地降低均方差，不管是上移和下移还是角度调整，都不再能够降低均方差了。

Statistics on Linear Regression

Variable	Coeff.	Std. Err.	t-value	P>|t|
YearsExperience	9,412.2055	452.4408	20.8032	5.11E-15
Intercept	25,040.6329	2,674.9721	9.3611	9.49E-9

R-Squared: 0.9558
Adjusted R-Squared: 0.9536

图 3-15　拟合结果数据

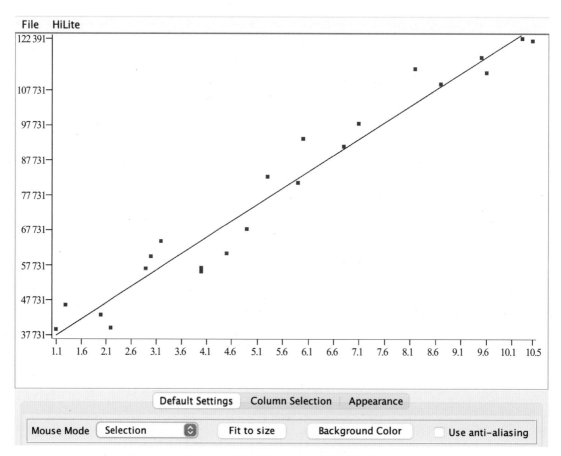

图 3-16　旧版风格 KNIME 界面拟合线

试一试

● 如何回到旧版界面？

单击 KNIME 操作界面右上角的 ⋮ Menu 按钮，如图 3-17 所示，选择最下方的 "Switch to classic user interface" 选项便可切换到了旧版界面。

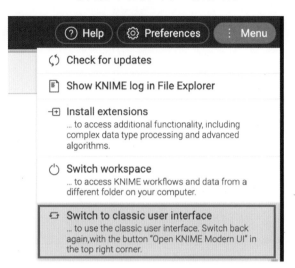

图 3-17　KNIME 旧版界面切换按钮

旧版界面风格与 5.2 版区别比较大，但节点操作功能接近，我们主要用来操作个别新版缺失或者淘汰的功能和节点，因此只需简单了解一下即可。如图 3-18 所示，旧版界面主要包含工具栏、工作流区、工作流目录、节点仓库、文档标签及节点说明等主要部分。其中工作流区与 5.2 版原理一致，在节点操作风格上有比较大的区别。

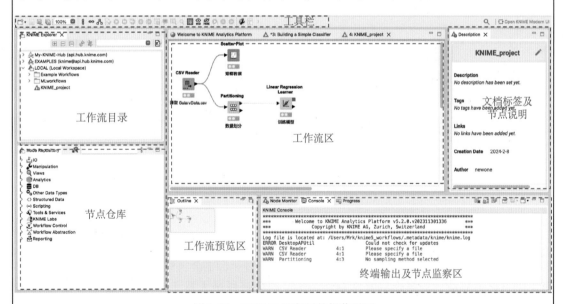

图 3-18　KNIME 旧版风格操作界面

以 "Linear Regression Learner" 节点为例，右击这个节点，在弹出的快捷菜单中可以选择 Configure（配置）、Execute（执行）、Execute and Open Views（执行并打开视图）、Cancel（取消）、Reset（重置）、Delete（删除）、Create Metanode（创建 Metanode）等功

能操作（见图 3-19）。由于在 5.2 版界面我们已经对这个节点进行了设置，现在只需选择 "View:Linear Regression Scatterplot View" 命令查看拟合线即可。

图 3-19　KNIME 旧版界面节点操作

完成旧版功能体验后，单击右上角 Open KNIME Modern UI 按钮，便又回到 5.2 版界面，继续下面的学习。

下面分析下模型的一些细节。

1. 斜率和截距

图 3-15 中，"YearsExperience" 对应的 "Coeff" 是斜率，"Intercept" 对应的 "Coeff" 是拟合曲线的纵截距。具体到这个问题，"Intercept" 表示没有工作经验的话，能拿多少钱。"YearsExperience" 对应的 "Coeff" 表示每增加一年工作经验，工资涨多少。

2. P 值

我们首先采取零假设，也就是此特征根本和目标没有关系，然后看看能否拒绝这种零假设，也就是拒绝特征和目标没有关系这种假设。

注意这里拒绝特征和目标标签没有关系这种假设，并不是说承认特征和目标有关系。这个有点类似法院审判案件，开始根据无罪推定，控方律师需要证明犯罪嫌疑人真的有罪，如果不能，那就释放。但是这里其实只是无法证明犯罪嫌疑人有罪（无法推翻零假设），不能证明犯罪嫌疑人无罪。

P 值（P value）就是当零假设为真时所得到的样本观察结果或更极端结果出现的概率。如果 P 值很小，说明零假设情况的发生的概率很小，我们就有理由拒绝零假设。P 值越小，我们拒绝零假设的理由越充分。总之，P 值越小，表明目标和特征的关系越显著。一般 P 值小于 0.05 才算小，也就是：

- P value ＜ 0.05 则拒绝零假设。
- P value ≥ 0.05 则无法推翻零假设。

3.决定系数

剩下两个重要指标就是决定系数 R^2 和 Adj R^2。前面已经有过具体叙述。简单地说，这两个值越接近 1 越好。

3.1.7 模型测试

下面开始对模型进行测试。新建"Regression Predictor"节点，将训练好的模型和测试数据分别对应输入此节点，工作流如图 3-20 所示。测试数据就是"Partitioning"节点的第二个输出端输出的数据。这里注意观察 KNIME 的一个小细节，节点的蓝色输入端或者输出端为模型端，黑色三角为数据端。

模型测试
与评分

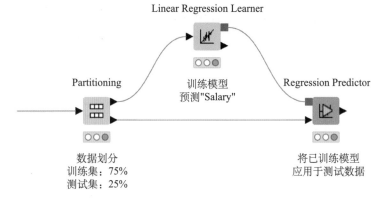

图 3-20 模型测试

然后新建一个"Numeric Scorer"节点，对回归模型进行评分，按如图 3-21 所示连接好。

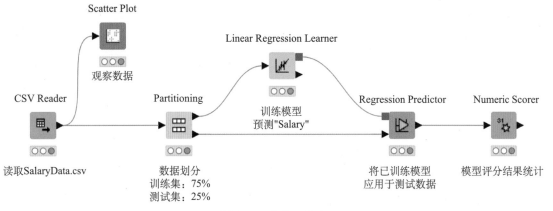

图 3-21 整体工作流

双击此节点设置"Reference column"（参考列）和"Predicted column"（预测列）（见图 3-22）分别对应实际值"Salary"和预测值"Prediction（Salary）"。右击"Numeric Scorer"节点，在弹出的快捷菜单中选择"Open View"命令可观察结果，如图 3-23 所示。这里其实就是把测试数据带入已训练模型，然后比较预测值和真实值，最后得出模型结果的指标。我

们已经接触过的有 R^2 和 Mean Squared Error（图 3-23 显示为 Mean squared error）。简单来说，前者是越大越好，后者是越小越好。

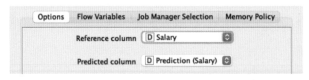

图 3-22　设置参考列和预测列

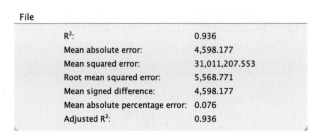

图 3-23　模型评分

想一想

● 为什么 R^2 越大越好而 Mean Squared Error 越小越好？

3.1.8　损失函数

损失函数用来估量模型的预测值与真实值的不一致程度，它是一个非负实值函数。损失函数越小，模型就越好。我们会通过一种称为梯度下降算法的方法使损失函数最小化，从而优化模型。在图 3-23 中，"Mean squared error"、"Mean absolute error"、"Root mean squared error" 和 "Mean signed difference" 都可以用来作为我们模型的损失函数。我们一般使用 "Mean squared error" 均方差作为损失函数，也就是 $\frac{1}{m}\sum\left(\widehat{y_i} - y_i\right)^2$，其中的 m 表示样本数目。这个函数我们已经在第 2 章中介绍过，这里不再详述。

3.2　多元线性回归初步

熟悉了线性回归的原理，并在简单线性回归的基础上熟悉了机器学习的一般流程，下面在已有知识的基础上，学习使用 KNIME 并实践多元线性回归。

3.2.1　任务及数据说明

我们使用 Kaggle 房价预测的例子及其数据来学习多元线性回归问题。这个项目给出了 19 个房屋特征，附加一个 id 列，目的是预测有了新房后，根据房屋特征判断房价是多少。

比赛总共提供了 21613 个样本。数据及其说明都在比赛网站中可见。

3.2.2 建立基准工作流

建立基准
工作流

建立基准工作流是做机器学习任务的第一阶段，是"底线思维"在机器学习领域中的一种体现。底线是不可逾越的界限和事物发生质变的临界点，守之则安稳，越之则危险。底线思维方法是客观研判最低界限、设定最低目标、注重堵塞漏洞、防范潜在危机，立足最坏情况争取最好结果的思维方法。党的十八大以来，习近平总书记多次强调："要善于运用'底线思维'的方法，凡事从坏处准备，努力争取最好的结果，这样才能有备无患、遇事不慌，牢牢把握主动权。"[1]

根据前面介绍的简单线性回归的技术，按如图 3-21 所示建立工作流，相应地修改数据源和训练的特征及目标即可（见图 3-24）。对应的结果评分位置按如图 3-25 所示设置。

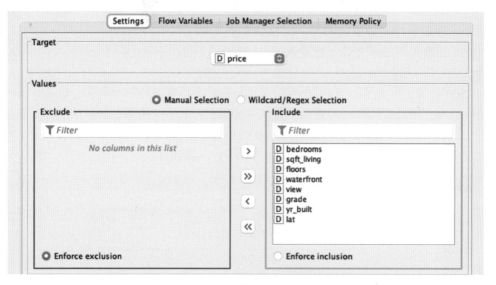

图 3-24　设置训练目标和特征

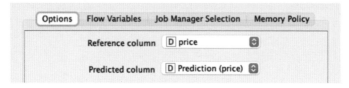

图 3-25　设置参考列和预测列

可以发现，我们仅仅通过这样简单的设置，就迅速完成了一个多元线性回归的任务。这充分体现了 KNIME 工具的简单易用特点。当然，现在这个模型还很不完善，我们将一步一步地完善模型，得出更好的模型。这个模型将作为我们后续工作的一个基准，它让我们简单快速地明了整个项目的可行性。

---

[1]　学习强国，习近平的底线思维方法在浙江的探索与实践（一）。

3.2.3 读取并观察数据

为了更好地理解问题，我们首先观察一下数据。使用"CSV Reader"节点读取数据(kc_house_data.csv)，然后准备开始观察数据。

观察数据

1. 使用散点图观察数据分布情况

最简单直观地观察数据分布的方法就是散点图。在节点仓库搜索框中输入"scatter"，找到"Scatter Plot"节点，如图 3-26 所示。

单击该节点的配置按钮，如图 3-27 所示，设置"Horizontal dimension"（X轴）为"sqft_living"（面积），保持"Vertical dimension"（Y轴）为"price"（价格）。这样就可以看到价格随面积的变化情况。可以发现价格大致随着面积的增大而上升的趋势，符合我们的认知。而且我们还可以发现低价位房子更加密集，价格分布更加集中。

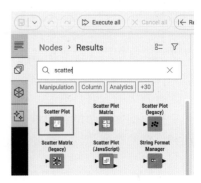

图 3-26 搜索散点图节点

注意，此时在散点图的下方有一行警告"WARNING Only the first 2500 rows are displayed."，也就是告诉你"数据中只有前 2500 行显示出来了"。我们在使用 KNIME 时会经常遇到这个警告，这是为什么呢？因为显示图形比较耗费计算机的资源，所以 KNIME 采取了"偷懒"的方法。在绘制散点图的设置中，在"Max rows"中可以选择显示的行数，这里保持默认即可，如图 3-27 所示。因为散点图信息量太大，更多的数据只能增加我们大脑的负担。

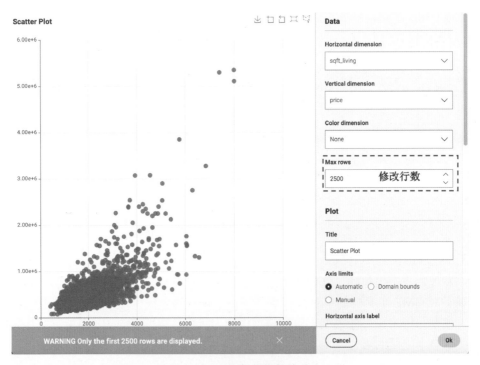

图 3-27 面积与价格的关系

大家可以自己试试修改行数，可能会发现更多数据背后的秘密。

2.使用箱线图观察数据分布情况

接着我们使用箱线图来观察一下数据的分布情况。在节点仓库搜索框中输入"box"，选择"Box Plot"（注：不是"Box Plot（JavaScript）"，不过感兴趣的读者可以尝试）。选中此节点，单击节点配置按钮，进入如图 3-28 所示界面进行设置。现在只关心价格，所以在"Dimension columns"（列选项）的"Includes"（包含列）中只选择"price"。单击"Save & execute"按钮对图像进行预览。从箱线图可以看出，大多数房屋都在相对较低价位，但是会有一些房屋价格比较高，价格很高的就很少了。大家自己可以试试其他特征，看看能发现什么。

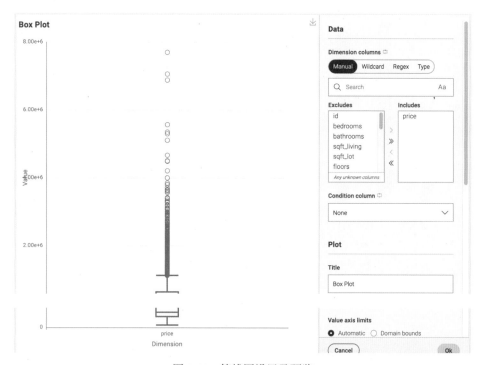

图 3-28　箱线图设置及预览

3.使用直方图观察数据分布情况

接着我们采用直方图（Histogram）和条形图来观察数据。回忆这两种图，前者看的是数值数据，后者看的是分类数据。不过在 KNIME 中，这两种图都称为 Histogram（直方图），我们自己一定要分清楚。

在节点库搜索框中输入"hist"会显示出 4 个 Histogram，如图 3-29 所示，我们选择最后一个"Interactive Histogram (legacy)"。"Hisogram"和"Histogram (JavaScript)"主要是画的图稍微好看点，但是功能很一般，"Historgram (legacy)"使用不方便，所以建议使用最后一个"Interactive Histogram (legacy)"。（注：带"legacy"的节点为 KNIME 旧版本的节点，在新版本中仍然支持，但是未来不久随时可能被删除）。

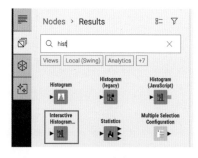

图 3-29　4 种直方图

将它和"CSV Reader"节点连起来以后，不用再进行其他设置直接运行即可，随后选择节点的"Open View"命令开始使用图形化方法探索数据。

刚开始的界面，如图 3-30 所示，上部有一行警告"Only the first 2500 of 21613 rows are displayed."也就是"21613 行数据中只有前 2500 行显示出来了"。因为直方图不像散点图需要画出所有数据，画图本身不会很耗费资源，只是前期计算耗费资源，所以我们在使用直方图观察数据时，可以观察所有数据的情况。那怎么办呢？单击这个节点的配置按钮，进行如图 3-31 所示的设置，勾选上部的"Display all rows"选项即可观察所有数据。其他选项现在不需要设置，后续观察数据时再设置即可。

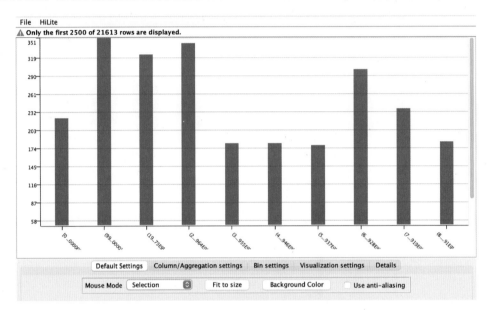

图 3-30　Interactive Histogram(legacy) 初始界面

图 3-31　Interactive Histogram(legacy) 节点设置

再次选择节点的"Open View"命令不会有警告了。下面开始探索数据。按如图 3-32 所示选择第二个标签"Column/Aggregation settings"（列 / 聚合设置），在"Binning column"（分箱列）区中选择"bedrooms"，可以发现 [0-4] 对应的数据个数最多。

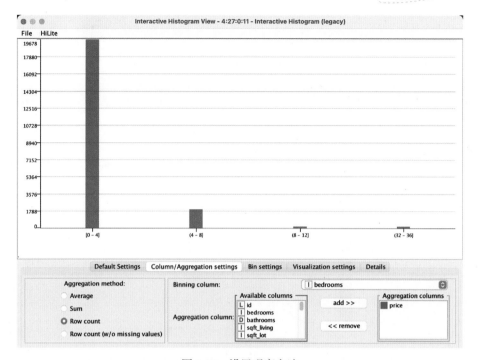

图 3-32　设置观察方法

　　如果想要将数据分得更细该怎么办呢？可以打开另一个标签"Bin settings"（分箱设置），设置几根柱子，如图 3-33 所示。到这里我们可以发现默认的是 10，但是我们很清楚自己只看到了 4 根柱子，难道软件不会数数吗？显然这个逻辑不能成立，所以我们仔细观察设置选项，可以发现有一个勾选框"Show empty bins"，勾选它就可以发现其他空着的柱子了。默认情况下，如果柱子为空就不显示了。一般来说，我们也不需要显示空柱子，所以保持默认为好。

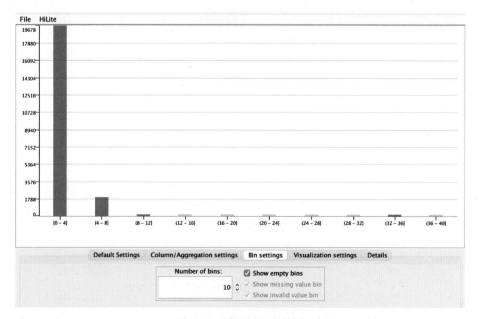

图 3-33　设置显示空柱子

想要设置更细的数据划分，只需要设置"Number of bins"（分箱数量）即可。可以发现各个柱子范围变成了 [0-2]、(2-4] 等，如图 3-34 所示。注意这里的数据包含情况，如果是"("就是不包含，"]"就是包含。因为"bedrooms"是整数，这里 (2-4] 就只能取 3、4 了。从这个图可以看出，3、4 个卧室的房型是最多的。基于美国人住房比较大的事实，这个数据符合预期。

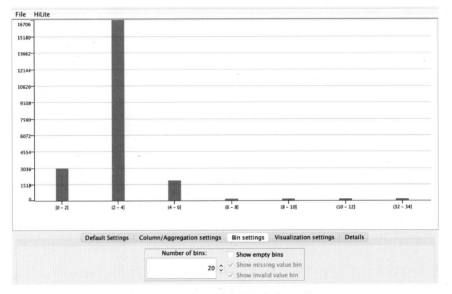

图 3-34　设置柱子个数

如果还想要看看其他关系呢？比如说想看看卧室数量和房价均值的关系怎么办？如图 3-35 所示，设置"Aggregation method"（聚合方法）为"Average"（平均）即可。

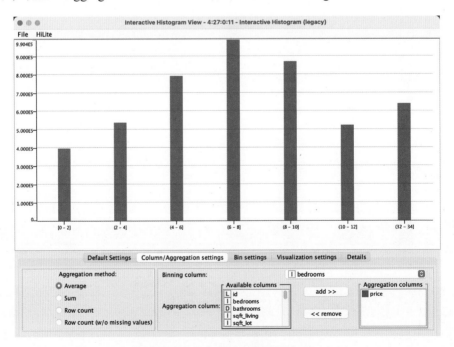

图 3-35　房价和卧室数量的关系

这个时候，出现了一个有点奇怪的情况，从图 3-35 中可以看出房价最高的是 (6-8] 个卧室的房型，而更多卧室的房子反而均价会降低，这是为什么呢？我们试试能不能从直方图看出来。想到房价和面积的关系很明显，我们试试画出卧室数量和面积的关系。按如图 3-36 所示设置"Aggregation columns"（聚合列）为"sqft_living"可以发现，(6-8] 个卧室的房型平均面积最大所以价格高，这样就解释了上面的疑问。至于为什么更多卧室的房子均价更小呢？这就要靠数据分析结合行业或者领域知识去慢慢挖掘了，大家可以自己探索。

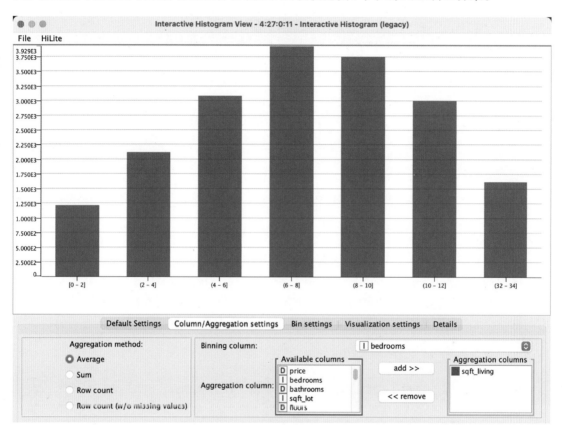

图 3-36　面积随卧室数量的关系

4. 相关性

我们做数据分析的一个重要目的就是想看看特征和目标之间的关系，虽然我们已经使用直方图观察了数据间的关系，但是仍然没有一个定量的值。我们可以用相关系数来度量这个相关性的大小。将相关系数以矩阵图的形式展现，可以让我们更直观地看到数据之间的关系。这里可以使用相关性矩阵来查看包括特征和目标在内所有数据的相关性。

新建一个"Linear Correlation"节点，连接"CSV Reader"节点并运行后通过节点的"Open view"操作按钮查看结果，展示出相关矩阵热力图，如图 3-37 所示。

观察图 3-37 所示的热力图，颜色越蓝表示越正相关，越红则越负相关。对于两列数据 a 和 b，简单来说，如果正相关的话，a 越大 b 越大。反之负相关的话，a 越大 b 越小。相关性绝对值大的话，这种 b 随着 a 或者 a 随着 b 变化的趋势越明显。从图 3-37 中可以看出，每组数据之间的相关性都是不同的。我们需要的主要信息是"price"（价格）与其他特征的关系，这个信息可以从矩阵的 price 列（第二列）读取出来。这一列对应的各个行的颜色就显示了它们之间的相关性。可以发现，价格与"sqft_living"（面积）的正相关性最高，这也与我们的普通认知吻合。

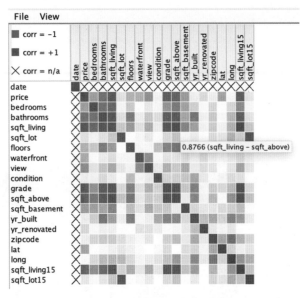

图 3-37　相关性矩阵热力图

将光标悬浮在某个点，则可以读出数据。如果想要读出所有数据，选中该节点，在节点监察区选择"Correlation matrix"命令（相关系数矩阵）即可查看，如图 3-38 所示。

如果发生了数据与常识冲突的情况，那么首先看看这个问题有没有什么特殊性。如果没有特殊性，那就要看看数据方面有没有什么问题。确定没有问题之后，再继续进行分析。

▶ 1: Correlation measure	▶ 2: Correlation matrix	■ 3: Correlation model	☒ Flow Variables									

Rows: 20 ｜ Columns: 20　　　　　　　　　　　　　　　　　　　Table　Statistics

#	Row...	date	price	bedrooms	bathrooms	sqft_living	sqft_lot	floors	waterfront	view	condition	grade	sqft_abo...	sqft_
		Number (dou...	Number (dou...	Number (dou...	Number (dou...	Number (dou...	Number (dou...	Number (dou...	Number (dou...	Number (dou...	Number (dou...	Number (dou...	Number (dou...	Numbe
1	date	1												
2	price		1	0.308	0.525	0.702	0.09	0.257	0.266	0.397	0.036	0.667	0.606	0.324
3	bedr...		0.308	1	0.516	0.577	0.032	0.175	-0.007	0.08	0.028	0.357	0.478	0.303
4	bathr...		0.525	0.516	1	0.755	0.088	0.501	0.064	0.188	-0.125	0.665	0.685	0.284
5	sqft...		0.702	0.577	0.755	1	0.173	0.354	0.104	0.285	-0.059	0.763	0.877	0.435
6	sqft...		0.09	0.032	0.088	0.173	1	-0.005	0.022	0.075	-0.009	0.114	0.184	0.015
7	floors		0.257	0.175	0.501	0.354	-0.005	1	0.024	0.029	-0.264	0.458	0.524	-0.246
8	wate...		0.266	-0.007	0.064	0.104	0.022	0.024	1	0.402	0.017	0.083	0.072	0.081
9	view		0.397	0.08	0.188	0.285	0.075	0.029	0.402	1	0.046	0.251	0.168	0.277
10	cond...		0.036	0.028	-0.125	-0.059	-0.009	-0.264	0.017	0.046	1	-0.145	-0.158	0.174
11	grade		0.667	0.357	0.665	0.763	0.114	0.458	0.083	0.251	-0.145	1	0.756	0.168
12	sqft...		0.606	0.478	0.685	0.877	0.184	0.524	0.072	0.168	-0.158	0.756	1	-0.052
13	sqft...		0.324	0.303	0.284	0.435	0.015	-0.246	0.081	0.277	0.174	0.168	-0.052	1

图 3-38　观察相关系数数值

5. 图形观察数据间关系

前面说过如果想知道某数值数据随另一个数值数据变化的趋势，可以使用散点图，如果想要同时观察不同列的数据关系，则建议使用散点图矩阵。在 KNIME 的工作区域创建一个散点图矩阵，即"Sctter Plot Matrix"节点，连接"CSV Reader"节点然后设置此节点。在"Data"中选择想要观察的数据（见图 3-39）即可观察各个数值数据之间的关系。从这个矩阵第一列和"price"（价格）相关的三个散点图可以很清楚地看出，随着"bathrooms"（卧室数量）的增多，房价总体来说会有一定的上升；随着"sqft_living"（房屋面积）的增加，房价也有很明显的上升。更多的此类数据关系，都可以通过散点图矩阵方便地观察。

图 3-39　散点图矩阵

而且可以注意到，这些结果与上面的相关性给出的信息一致。但是从散点图中，我们还可以发现更多细节信息，比如房价并不是严格随面积而上升的，而是在某一区间内离散开，在面积更大的区间，又开始收敛。

总体来说，相对于相关性矩阵散点图能够提供我们更多信息：

● 变量之间是否存在数量关联趋势。

● 如果存在关联趋势，那么是线性还是非线性的？

● 如果有某一个点或者某几个点偏离大多数点，也就是离群值，通过散点图可以一目了然，从而可以进一步分析这些离群值是否可能在建模分析中对总体产生很大影响。

虽然散点图给了我们更多的信息，但是相关性却能方便我们定量比较各个数据间的关系，所以建议配合使用二者，方便自己分析。

6. 统计值

我们往往还需要了解数据的统计值，比如最大值、最小值等，以及数据的分布直方图等。这些统计类的功能都可以通过"Statistics"节点实现。

创建一个"Statistics"节点，连接"CSV Reader"节点并运行后观察其结果。我们可以看到诸如平均值、方差等统计数据及各个数值数据的直方图和分类数据的条形图。

在数值数据（Numeric）标签下（见图 3-40），可以看到数值数据的最大值、最小值、平均值等及其直方图。

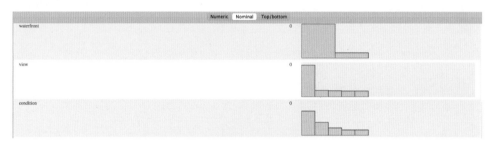

图 3-40　数值数据统计

在"Nominal"数据标签（分类 / 整数）下，主要是一些范围有限的整数或者分类数据的直方图，如图 3-41 所示。虽然这里的直方图表达能力比专门的直方图稍差，但是对于观察总体分布来说也足够了。

图 3-41　分类 / 整数数据统计

最后一个标签"Top/bottom"是每列数据中出现最多和最少的数据的展示及其数量，如图 3-42 所示。

waterfront	view	condition	grade	sqft_above	sqft_basement	yr_built	yr_renovated	zipcode	sqft_living15
No. missings: 0	No. missings: 0	No. missings: 0	No. missings: 0	No. missings: 0	No. missings: 0	No. missings: 0	No. missings: 0	No. missings: 0	No. missings: 0
Top 20:	Top 20:	Top 20:	Top 20:	Top 20:	Top 20:	Top 20:	Top 20:	Top 20:	Top 20:
0 : 21450	0 : 19489	3 : 14031	7 : 8981	1300 : 212	0 : 13126	2014 : 559	0 : 20699	98103 : 602	1540 : 197
1 : 163	2 : 963	4 : 5679	8 : 6068	1010 : 210	600 : 221	2006 : 454	2014 : 91	98038 : 590	1440 : 195
	3 : 510	5 : 2615	9 : 2615	1200 : 206	700 : 218	2005 : 450	2013 : 37	98115 : 583	1560 : 192
	1 : 332	2 : 172	6 : 2038	1220 : 192	500 : 214	2004 : 433	2003 : 36	98052 : 574	1500 : 181
	4 : 319	1 : 30	10 : 1134	1140 : 184	800 : 206	2003 : 422	2005 : 35	98117 : 553	1460 : 169
			11 : 399	1400 : 180	400 : 184	1977 : 417	2000 : 35	98042 : 548	1580 : 167
			1060 : 178	1000 : 149	2007 : 417	2007 : 35	98034 : 545	1800 : 166
			5 : 242	1340 : 176	900 : 144	1978 : 387	2004 : 26	98118 : 508	1610 : 166
			12 : 90	1180 : 177	300 : 142	1968 : 381	1990 : 25	98023 : 499	1720 : 166
			4 : 29	1250 : 174	200 : 108	2008 : 367	2006 : 24	98006 : 498	1620 : 165
			13 : 13	1320 : 172	530 : 107	1967 : 350	2002 : 22	98133 : 494	1510 : 164
			3 : 3	1100 : 164	480 : 106	1979 : 343	1989 : 22	98059 : 468	1760 : 163
			1 : 1	1040 : 160	750 : 105	1959 : 334	2009 : 22	98058 : 455	1480 : 160
				1240 : 160	450 : 103	1990 : 320	1991 : 20	98155 : 446	1410 : 159
				1150 : 159	720 : 102	1962 : 312	1994 : 19	98074 : 441	1550 : 158
				1330 : 158	840 : 85	2001 : 305	1998 : 19	98033 : 432	1680 : 157
				1260 : 155	580 : 85	1954 : 305	2001 : 19	98027 : 412	1670 : 157
				1440 : 155	420 : 81	1987 : 294	1993 : 19	98125 : 410	1820 : 157
				1120 : 154	860 : 80	1969 : 280	2010 : 18	98056 : 406	1520 : 155
							2008 : 18	98053 : 405	1660 : 155
Bottom 20:	Bottom 20:	Bottom 20:	Bottom 20:	Bottom 20:	Bottom 20:	Bottom 20:	Bottom 20:	Bottom 20:	Bottom 20:
				1613 : 1	176 : 1	1905 : 74	1960 : 4	98105 : 229	3402 : 1
				2587 : 1	225 : 1	1911 : 73	1974 : 3	98045 : 221	3494 : 1
				2623 : 1	1275 : 1	1937 : 68	1945 : 3	98002 : 199	2156 : 1
				894 : 1	266 : 1	1907 : 65	1957 : 3	98077 : 198	3236 : 1
				1606 : 1	283 : 1	1915 : 64	1953 : 3	98011 : 195	2612 : 1
				2244 : 1	65 : 1	1931 : 61	1955 : 3	98019 : 190	2323 : 1
				2026 : 1	2310 : 1	1913 : 59	1956 : 3	98108 : 186	2409 : 1
				2238 : 1	1770 : 1	1917 : 56	1976 : 3	98119 : 184	2354 : 1
				2517 : 1	2120 : 1	1914 : 54	1971 : 2	98005 : 168	2616 : 1
				2708 : 1	295 : 1	1938 : 52	1950 : 2	98007 : 141	1427 : 1
				2555 : 1	207 : 1	1903 : 46	1962 : 2	98188 : 136	1516 : 1
				1405 : 1	915 : 1	1904 : 45	1940 : 2	98032 : 125	2456 : 1
				4450 : 1	556 : 1	1936 : 40	1946 : 2	98070 : 118	2844 : 1
				6420 : 1	417 : 1	1932 : 38	1967 : 2	98109 : 109	1495 : 1
				2531 : 1	143 : 1	2015 : 38	1954 : 1	98109 : 109	2594 : 1
				1333 : 1	508 : 1	1933 : 30	1948 : 1	98102 : 105	2604 : 1

图 3-42　最多和最少的数值

到目前为止，我们的工作流如图 3-43 所示。

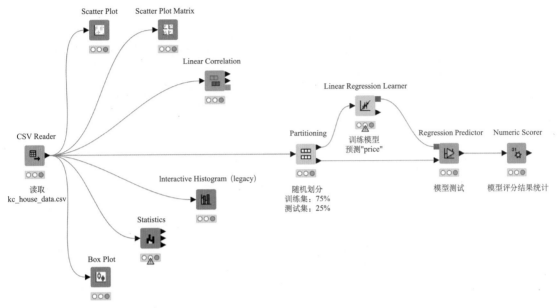

图 3-43　当前的工作流

试一试

- 比较一下 "Hisogram"、"Histogram(JavaScript)" 和 "Interactive Histogram(legacy)" 这三个节点画出的直方图有什么区别。
- KNIME 还有其他很多数据可视化的节点，希望大家自己探索一下。

3.2.4　整合界面

我们已经知道，机器学习项目有若干不同步骤。在 KNIME 中，每一步都需要若干个节点。这样的话，整个工作流界面可能会变得很乱，让人陷入各种繁杂的细节中。比如现在的工作流如图 3-43 所示，已经有很多节点。为了减轻这种负担，可以使用 Metanode（大节点）或者 Component（组件）。简单来说，Metanode 就是若干个节点组成的节点组合；而 Component 是若干个节点组成的多功能组件，它可以有自己的配置对话框和自定义交互式复合视图。一般来说，Component 更适合可视化节点的整合。

下面我们将数据观察的所有节点进行组合。选中当前工作流中数据观察的所有节点，在上方工具栏中选择 Create component，如图 3-44 所示，这个时候 KNIME 会询问是否要重置节点，也就是以前的所有节点运算将会重置。因为必须重置才能创建 Component，所以单击 "OK"（确定）按钮重置即可，如图 3-45 所示。接着填写组件的名称 "Data View"，完成后单击 "√" 即可，如图 3-46 所示。

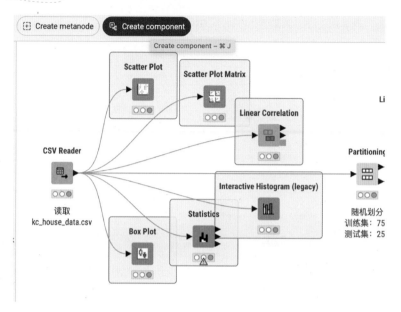

图 3-44　将所有可视化节点组合

图 3-45　选择是否重置节点　　图 3-46　填写组件名称

　　这样所有的可视化节点就成了"Data View"组件，如图 3-47 所示。新生成的 Component 可以像一般的节点一样进行执行、打开视图等操作。

　　如果想再次打开"Data View"组件查看里面的节点内容，需要右击"Data View"节点，在弹出的快捷菜单中依次选择"Component" > "Open component"命令，如图 3-48 所示，便可以将所有节点在一个新窗口中打开，如图 3-49 所示。

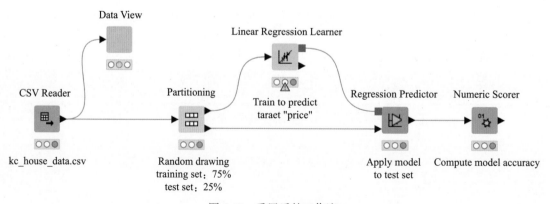

图 3-47　重置后的工作流

图 3-48 打开 Component 节点

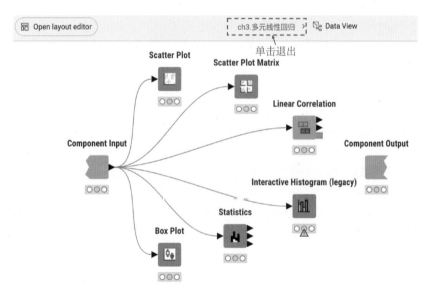

图 3-49 可视化部分的节点已经集成在一起

这个时候，我们发现这些可视化节点已经处于待运行状态，且上方工具栏中增加了"当前工作流名称" > "Component 名称"的窗口路径，想要观察数据只要重新运行它们即可；如若退出"Data View"组件，单击这个窗口路径的工作流名称（在图 3-49 中为"ch3. 多元线性回归"），就可以退出。

整合界面

试一试

● 尝试使用 Metanode 整合节点。

3.3 多元线性回归进阶

在上一部分的基础上，我们研究如何进一步优化模型，使其表现更好。

3.3.1 优化模型

虽然已经建立了模型，但是我们并没有做任何优化，接下来我们在数据探索的基础上优化模型。

1. 特征工程

在建立模型之前，我们往往想要先建立特征工程，目的是最大限度地从原始数据中提取特征以供算法和模型使用。

有这么一句话在业界广泛流传：数据和特征决定了机器学习的上限，而模型和算法只是逼近这个上限而已。

我们先从最基础的特征工程即特征选择中开始特征工程的学习。特征选择，顾名思义，就是选择我们想要的特征，删除不想要的特征。也就是说，特征选择就是为了构建模型而选择相关特征子集的过程。使用特征选择技术有三个原因：

- 简化模型，使之更易于被研究人员或用户理解。
- 缩短训练时间。
- 改善通用性、降低过拟合。

2. 特征选择的方法

特征选择常用的有三种方法：正向选择、反向消除和双向选择。其中双向选择是结合正向选择和反向消除的方法。

- 正向选择：依次在当前集合中加入一个没有的特征，然后对新的集合进行评估，找出评估结果最佳的特征加入当前集合。不断重复上面的步骤，直到加入任何新的特征都不能提高评估结果，算法即告停止。

- 反向消除：开始的时候在当前集合中加入所有特征，然后对集合进行评估，找出评估结果最差的特征并从当前集合中删除。不断重复上面的步骤，直到删除任何特征都不能提高评估结果，算法即告停止。

以正向选择为例，如果以 P 值作为特征选择标准，则实现方法如下：

（1）选择一个最相关的特征输入模型。

- 每个特征分别输入模型。
- 选择 P 值最小的特征。

（2）保留上一个特征，从剩余的特征中再选择一个输入模型，采用同样方法选择一个特征。

- 如果不符合完成条件，重复步骤（2）。
- 如果符合完成条件，则结束。

完成条件：P 值大于阈值（0.05）或者特征数量达到上限。

类似地，如果以 P 值作为反向特征选择标准，则实现方法如下：

（1）设置一个特征留在模型中的阈值（$P < 0.05$）。

（2）将所有特征保留在模型中。

（3）运行模型，找到 P 值最大的特征。

● 如果 P 值大于阈值，则删除它，重复步骤（3）。

● 如果 P 值小于阈值，则结束。

以上例子中，我们使用 P 值作为选择条件，也可以使用损失函数或者其他指标作为选择条件。

3.过拟合

特征选择可以降低模型过拟合风险，那这个过拟合是什么呢？在机器学习中，我们会不停地遇到过拟合的问题，过拟合将会是机器学习模型的极大障碍。过拟合就是模型完美地或者很好地拟合了数据集的某一部分，但是此模型很可能并不能用来预测数据集的其他部分。简单来说，就像是学生学习学傻了，学成了书呆子，只会做某种题，稍微变一变题目就不会了。

比如图 3-52 所示数据，圆点为用于训练的训练数据点。模型为了完美拟合训练数据，使用了复杂的曲线连接，很难保证模型能够覆盖之后出现在曲线附近的测试数据。

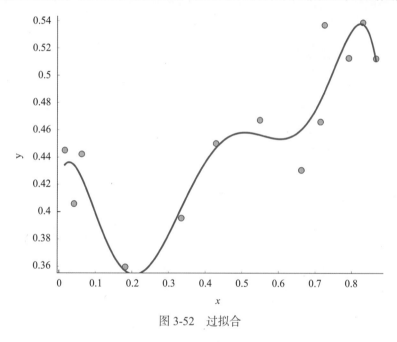

图 3-52　过拟合

想一想

● 你觉得过拟合类似生活中的哪些例子？

_____

● 你认为过拟合会有哪些危害？

_____

4.KNIME 实现过滤无关列

在 "Partitioning" 节点和 "Linear Regression Learner" 节点之间插入列过滤器 "Column Filter" 节点（在节点仓库的 "Manipulation" 数据操作分区中可以找到），如图 3-53 所示。

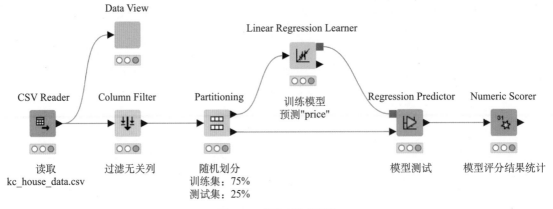

图 3-53　添加列过滤器

按如图 3-54 所示设置"Column Filter"。我们使用"Column Filter"节点来过滤无关数据。此问题中，假设"id"和"date"与房屋价格无关，我们将这两个特征过滤掉。

图 3-54　设置"Column Filter"

为什么要假设"id"和"date"与房屋价格无关呢？对于"id"来说，它是数据采集人员赋予的数据，和其他数据一般都没有关系。而对于"date"来说，这个处理起来稍微复杂，我们现在先不管它，因为我们不准备过于深入地进行特征处理的研究。

想一想

● 为什么不手动删除其他特征？

5. 尝试正向选择算法的手工实现

我们先试试手工实现正向选择算法。回顾之前相关系数矩阵，面积与价格最相关，所以我们先只用面积来拟合价格。

如图 3-55 所示，在工作流中我们再次插入一个"Column Filter"节点用来选择研究变量，双击此节点，在打开的如图 3-56 所示界面中只留下"price"（价格）和"sqft- living"（面积）两列。

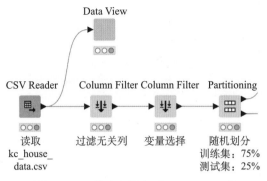

图 3-55 工作流中插入"Column Filter"

图 3-56 只留下价格和面积

运行整个工作流，在节点监察区查看"Linear Regression Learner"节点的"Coefficients and Statistics"（回归系数与统计）数据，或者回到旧版 KNIME 界面右击"Linear Regression Learner"节点，在弹出的快捷菜单中选择"View: Linear Regression Scatterplot View"（查看线性回归散点图）命令，观察结果，如图 3-57 所示。

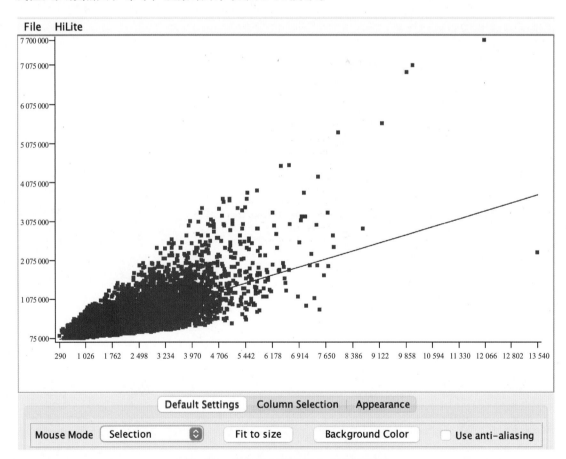

图 3-57 价格只由面积拟合（旧版功能）

接着返回 KNIME 新版本界面，单击"Linear Regression Learner"节点，再单击"Open view"按钮，观察拟合参数，可以发现 P 值为 0，如图 3-58 所示。

File

Statistics on Linear Regression

Variable	Coeff.	Std. Err.	t-value	P>|t|
sqft_living	280.0812	2.24	125.0355	0.0
Intercept	-41,303.1839	5,077.3784	-8.1347	4.44E-16

R-Squared: 0.491
Adjusted R-Squared: 0.491

图 3-58　查看拟合结果

这个过程我们可以使用其他特征重复多次，直到选择到 P 值最小或者符合其他选择标准的特征。然后保留这个特征，继续类似过程。

6. KNIME 实现正向选择的 Metanode

以上过程操作过于复杂，幸好 KNIME 已经提供了一个正向选择的 Metanode "Forward Feature Selection" 节点。这个节点在 KNIME 5.2 版本的节点仓库中暂不支持，可以返回到旧版本界面的节点仓库中找到并拖曳到工作流，如图 3-59 所示，然后再返回到新版本界面根据图 3-60 所示重整工作流。

图 3-59　旧版本界面搜索 "Forward Feature Selection" 节点

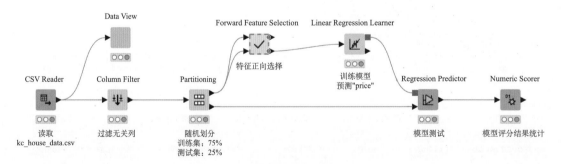

图 3-60　增加正向选择 Metanode

导入数据后，使用 "Column Filter" 节点删除掉我们肯定不需要考虑的特征（如 id、date），然后使用 "Partitioning" 节点将特征分为训练集和测试集，接着我们将训练集数据通入 "Forward Feature Selection" Metanode。经过选择的特征输入到 "Linear Regression

Learner"节点，其他的节点我们都很熟悉了。唯一需要注意的是，"Regression Predictor"节点只会使用模型（"Linear Regression Learner"）使用过的特征，所以这里不需要对其输入数据进行过滤。

　　注意，这个 Metanode 一定要使用于训练数据中，而不是所有数据中（也就是要在"Partitioning"节点之后而不是之前）。

3.3.2　"Forward Feature Selection" Metanode 详细介绍

　　双击打开"Forward Feature Selection" Metanode，可以看到如图 3-61 所示的工作流。它的两个输入都是一样的，所以这里的两个数据都是训练集数据。此节点输出的数据一个是选择的特征的详细信息，另一个是由所选择的特征构成的数据表。其中"Feature Selection Loop Start"标志着一个选择循环的开始，"Feature Selection Loop End"标志着一个选择循环的结束，二者之间的步骤就是对某一特征的选择判断。这个 Metanode 内部第一个需要我们修改的就是用什么模型。因为我们进行的是回归分析，所以这里特征选择使用的模型也是回归模型。将此 Metanode 的学习器和预测器分别替换为"Linear Regression Learner"和"Regression Predictor"。另外需要将"Scorer"替换为"Numeric Scorer"。

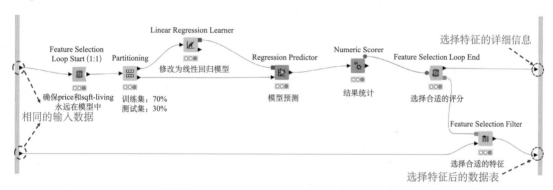

图 3-61　"Forward Feature Selection" Metanode

　　结合上面正向选择的方法，大体了解下图 3-61 所示的思路和算法。

（1）循环开始，选择价格（目标）和面积（最相关的特征）。

- 将数据分为训练集和测试集。
- 将数据分别输入模型和预测器。
- 计算模型预测效果。

（2）添加一个新的特征到模型。

- 再次计算模型预测效果。
- 如果特征数量达到上限，则结束。

　　最后通过"Feature Selection Filter"节点来最终决定使用哪些特征。下面我们来具体看看每一步是怎么工作的。

1. 循环开始

　　双击"Feature Selection Loop Start"节点打开设置界面，如图 3-62 所示。

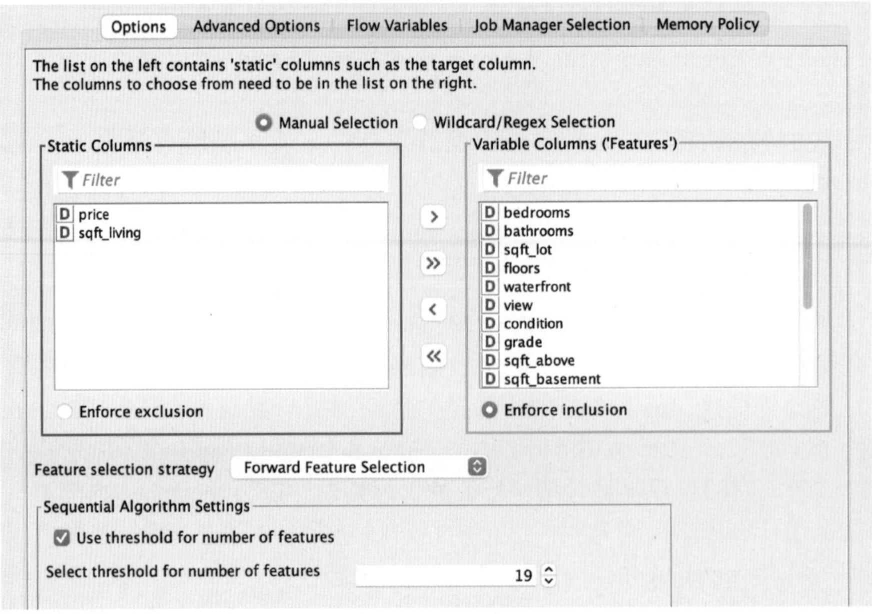

图 3-62 循环开始

这里重点要设置以下两个选项。

● "Static Columns"：静态列，也就是不会参与正向选择的列，它们会一直存在于模型中。这里选择了项目的目标——价格和最相关的特征——面积。

● "Use threshold for number of features"：使用特征数目阈值，也就是是否给特征数目设置一个上限，一旦到达这个上限循环停止。例如选择"是"（即选中该选项），然后在右边的输入框中设置"19"作为阈值。这个选项可以不点选或者设置成其他数值，希望大家自己试试。

2. 模型评价指标

另外一个需要注意的节点是"Numeric Scorer"节点，这个节点会计算模型效果评价指标，我们先按图 3-63 所示进行设置，然后才能使用这些评价指标。

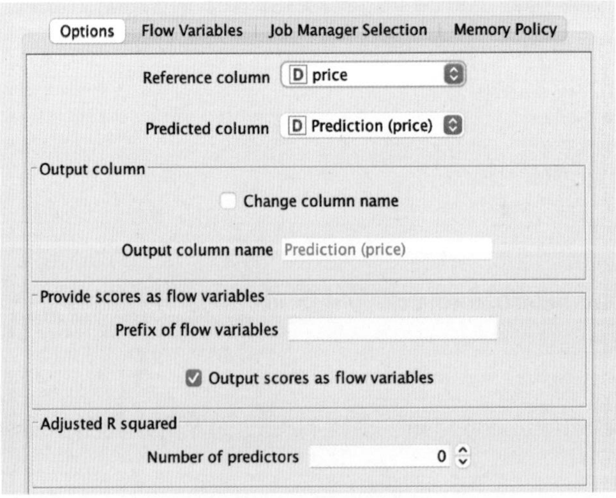

图 3-63 模型评价

这里有两个选项必须设置。

- "Reference column"和"Predicted column"：分别是参考列和预测列，参考列就是目标的真实值，预测列就是目标的预测值，这里分别是价格和预测的价格。
- "Output scores as flow variables"：输出评价指标为流变量。选中它，后面我们就可以将这些评价指标传递给"Feature Selection Loop End"节点了。这里出现了 KNIME 节点的一个重要但是我们前面没有介绍过的内容就是流变量（Flow Variable）。这里主要熟悉它的表现形式，即一个红色的圆即可（见图 3-64）。总体来说，节点设置好后，工作流中流动的数据都是确定的。选中价格，价格就会输出到下一个节点；没有选中时间，时间就不会输出到下一节点。但是如果想要参数化，则到底选谁或不选谁呢？或者如何参数化更多设置或者数据呢？我们可以使用流变量。

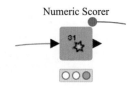

图 3-64　带有流变量（Flow Variable）的节点

3. 循环结束

接下来设置循环结束"Feature Selection Loop End"节点，选择使用谁作为评价指标及是否要最大化还是最小化这个指标。

如图 3-65 所示，"Score"（分数）选择来自"Numeric Scorer"流变量的"mean squared error"（均方误差）选项，也即是常说的 MSE，并且我们要最小化它，选中"Minimize score"（最小化分数）选项。这样的话，特征的选择将会以降低 MSE 为标准。

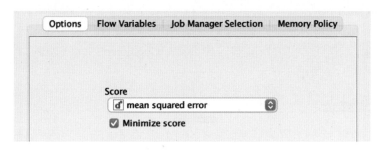

图 3-65　选择评价指标及其优化方法

4. 选择特征

运行整个工作流，然后使用"Feature Selection Filter"节点，双击，打开设置界面，如图 3-66 所示。这个图左侧选择框的左列是"mean squared error"，即我们选择的标准，右侧代表特征数量。这里的"mean squared error"是按照从小到大排序的。

我们可以手动选择特征，也可以自动选择。如果手动选择的话，那么根据评价指标，要选择保留的特征数目。如果是自动选择的话，则会根据评价指标阈值自动选择。观察图3-66，这里使用的是手动选择。在此，你可以尝试变更相关选项，优化一下自己的模型。

类似于正向选择方法，我们可以使用 KNIME 完成反向去除，这里不再展开叙述。

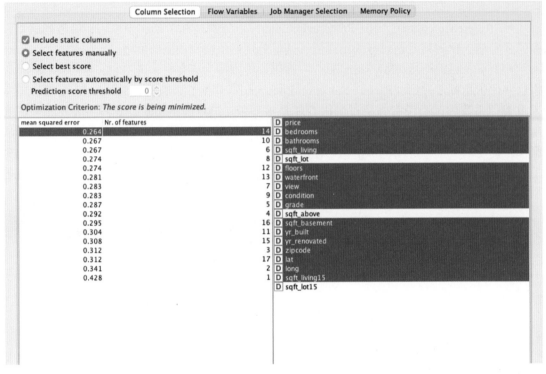

图 3-66　选择特征

3.3.3　模型解释

对于很多数据分析问题，需要我们能够回答每个特征有什么影响、影响有多大等问题，下面我们看看如何解答这类问题。回到主工作流（不是在 Metanode 中），单击"Linear Regression Learner"节点，在节点监察区中选择"Coefficients and Statistics"查看模型的系数表格，结果如图 3-67 所示。

#	Row...	Variable String	Coeff. Number (double)	Std. Err. Number (double)	t-value Number (double)	P>|t| Number (double)
1	Row1	bedrooms	-0.062	0.005	-11.446	0
2	Row2	sqft_living	0.466	0.008	58.802	0
3	Row3	floors	0.027	0.005	5.095	0
4	Row4	waterfront	0.147	0.005	30.781	0
5	Row5	view	0.106	0.005	20.877	0
6	Row6	grade	0.358	0.008	47.451	0
7	Row7	yr_built	-0.216	0.005	-39.563	0
8	Row8	lat	0.209	0.005	45.997	0
9	Row9	Intercept	0	0.004	0	1

图 3-67　查看模型

这里最主要的就是第二列内容，"Coeff"（系数）绝对值越大，对应的特征对结果的影响也就越大。符号为正的话表示正向影响，符号为负的话就是负向影响。从这个图中可以看出，面积的系数为 0.466，影响相当大。

这个系数的影响其实从回归的公式 $y = b + w_1 x_1 + \cdots + w_n x_n$ 就可以方便地看出来。w 越大，对应的 x 单位变化对 y 产生的影响越大。比如 $y=b+100000x_1+x_2$，x_1 变化 1，y 变化 100000，而 x_2 变化 1，y 变化仅仅为 1。

3.3.4　特征归一化

还是上面的例子 $y=b+100000x_1+x_2$，它有一个严重的问题，就是模型可能会不稳定，因为模型受到的 x_1 变化影响太大了，它稍微变化一点，就相当于 x_2 变化很多。例如，根据身高体重判断一个人是男还是女。如果身高为 1.7m 体重为 70kg 的一个人，身高变化 0.1m，将会有很大的区别，但是体重变化 0.1kg 不会有什么大的影响，所以我们应该将数据变化到大概相同的范围，在这个问题中，我们可以将身高从 1.7m 变为 170 cm，这样的话，身高和体重对数据变化的敏感程度就会差不多了。

为了解决这个问题，可以采取特征归一化来处理数据。归一化一般是将数据映射到指定的范围，用于去除不同维度数据的量纲和量纲单位。

1. Z-score

Z-score 是常用的一种归一化方法，试图将数据变为标准正态分布：

$$z=\frac{x-\mu}{\sigma}$$

其中，x 是原始数据，z 是转换后的数据，μ 是原始数据的平均值，σ 是原始数据的标准差。标准化后可以更加容易地得出最优参数 w 和 b 及计算出损失函数的最小值，从而达到加速收敛的效果。

2. Min-Max

这个方法使数据绝对分布在一定范围内：

$$x_{\text{norm}}=\frac{x-x_{\min}}{x_{\max}-x_{\min}}$$

其中，x_{norm} 是转换后的数据，$x_{\min}$ 是原始数据的最小值，$x_{\max}$ 是原始数据的最大值。

3. 怎样选择归一化方法

具体使用哪一种归一化方法，需要经验积累和不断尝试。一个简单的方法是：如果不是要求必须在一个范围内，则选择 Z-score。例如房价问题，某个特征并不一定必须在哪个范围内，则可以使用 Z-score。但是比如图像问题要求像素大小分布在 [0,1] 之间，那就必须使用 Min-Max。

3.3.5　使用 KNIME 实现归一化

在实现归一化的过程中，需要特别小心。观察图 3-68 所示的 KNIME 的实现方法，可以发现这里不仅使用了"Normalizer"节点做归一化，还使用了"Normalizer（Apply）"节点，这是为什么呢？

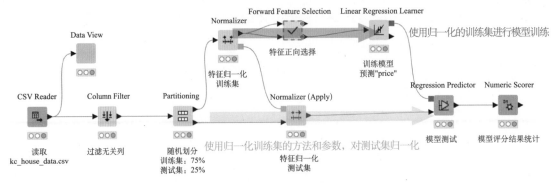

图 3-68　KNIME 实现归一化

首先观察"Normalizer"节点，我们将训练数据通入，输出归一化后的数据，供模型使用。然后再来看"Normalizer（Apply）"节点，它的输入数据是测试数据，同时还有另外一个输入，这个输入是归一化模型。"Normalizer (Apply)"节点的作用就是将归一化模型（使用归一化训练集的方法和参数）应用于测试数据，这个归一化模型来自"Normalizer"节点的输出。为什么要搞得这么复杂呢？

因为你不知道未知的数据满足什么样的分布规律，又因为你根本就没有这些数据。那么你怎么可能将它们归一化呢？所以只能靠已经有的数据规律归一化未知的数据。

而训练集就是你知道的数据，你可以大胆地进行归一化处理。你虽然知道测试集，但是假装不知道，这样才能高度模拟未来未知的数据。未来预测的数据集是你真的不知道的数据。因为你不能使用未知数据的信息来归一化未知的数据，所以必须使用训练集的参数来归一化测试集。也就是需要使用"Normalizer（Apply）"节点来归一化测试集。

双击"Normalizer"节点，在打开的界面中按照图 3-69 所示选中"Z-Score Normalization（Gaussian）"（Z 分数 / 高斯正则化）。

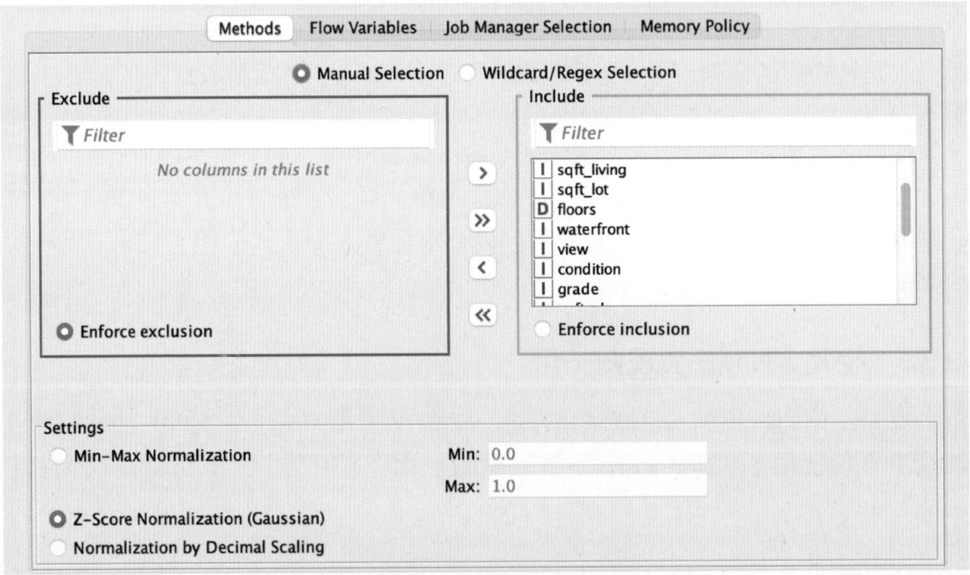

图 3-69　归一化节点设置

归一化后，再次运行整个工作流，看看模型有没有改善。

3.3.6　相关系数

最后，补充一下相关系数的知识。相关系数是最早由统计学家卡尔·皮尔逊设计的统计指标，是研究变量之间线性相关程度的量，一般用字母 r 表示。由于研究对象的不同，相关系数有多种定义方式，较为常用的是皮尔逊相关系数。

相关系数的绝对值越接近 1，数据之间的线性关系越大，越接近 0，数据之间越缺乏线性关系，如图 3-70 所示。

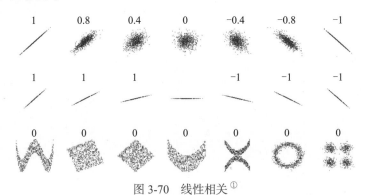

图 3-70　线性相关 [1]

但是观察图 3-70 的最后一行，会发现相关系数为 0 并不代表数据之间没有关系，仅仅是代表没有线性关系。

3.4　课后练习

1. 什么是训练集和测试集？请举一个学习工作中的例子加以说明。
2. 如果一个特征的 P 值为 0.1，可以说这个特征肯定和模型的标签没有关系吗？
3. 从模型的系数中，分析房价主要受什么影响比较大。
4. 尝试使用 KNIME 的反向去除方法优化模型。
5. 尝试使用 Min-Max 归一化方法。
6. 为什么要联合使用"Normalizer"和"Normalizer(Apply)"节点？

---

[1]　By DenisBoigelot, original uploader was Imagecreator - Own work, original uploader was Imagecreator, CC0.

第4章
逻辑回归

物以类聚，人以群分。

——战国策·齐策三

本章知识点

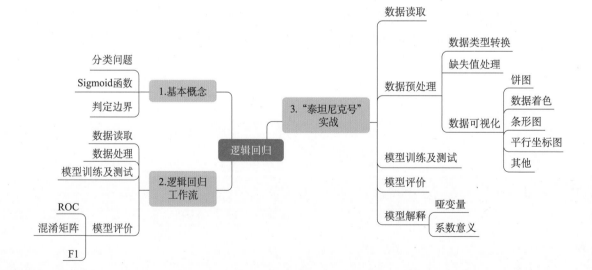

战国时期，齐国有一位著名的学者名叫淳于髡。他博学多才，能言善辩，被任命为齐国的大夫。齐宣王喜欢招贤纳士，于是让淳于髡举荐人才。淳于髡一天之内接连向齐宣王推荐了七位贤能之士。齐宣王很惊讶，就问淳于髡说："你一天之内就推荐了 7 个贤士，那贤士是不是太多了？"淳于髡回答说："不能这样说。物以类聚，人以群分。我淳于髡大概也算个贤士，所以让我举荐贤士，就如同在黄河里取水，在燧石中取火一样容易。我还要给您再推荐一些贤士，何止这七个！"我们也想更好地分类，仍然可以借助 KNIME 这个工具。我们已经熟悉了什么是回归问题和怎样使用 KNIME 来解决问题，下面我们学习另一个常用的问题——分类问题。

4.1　逻辑回归基本概念

4.1.1　分类问题

　　假设想根据学生的考试成绩信息来判断学生能否获得奖学金（hon），我们期望的结果无非两种：能或者不能。如表 4-1 所示，几列数据为阅读成绩（read）、写作成绩（write）、数学成绩（math），最后是否有奖学金（hon）。

表 4–1　数据表

read	write	math	hon
39	41	33	0
63	49	35	0
36	44	37	0
39	33	38	0
42	46	38	0
42	39	39	0

　　其中有奖标注为 1，无奖标注为 0。假设使用回归方法解决这个问题，观察 hon（是否有奖学金）和 read（阅读成绩）的关系，如图 4-1 所示。

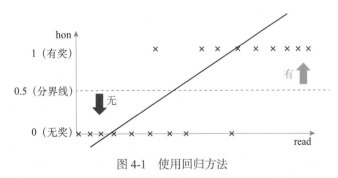

图 4-1　使用回归方法

　　图 4-2 所示的斜线是回归线，回归线大于分界线 0.5 的话为有奖，否则为无奖。预测就是找到这个分界线对应的 read 值，设置这个值为阈值，大于阈值的为有奖，否则为无奖。

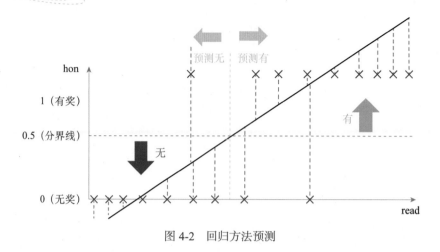

图 4-2　回归方法预测

想一想

● 图 4-2 所示的回归线到底代表什么呢？如果我们将回归线值在 0 和 1 之间的数值考虑为能否获奖的概率，必然会产生一些问题。首先，回归线预测的值大于 1 怎么理解？其次，回归线预测的值小于 0 怎么理解？

● 假设右上角有一个点离其他点很远（见图 4-3），则为了照顾这个点，回归线将会偏离。因为一个偏离点，导致整个模型变得不稳定，这样的模型如何？你还发现更多问题吗？

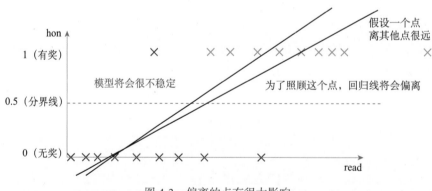

图 4-3　偏离的点有很大影响

为了解决这些问题，我们可以想象，最好能做出类似图 4-4 所示这样的结果。如果可以的话，只要计算出来获奖概率比阈值大，就预测为有奖，否则就是无奖。

这种二分类问题就是一种典型的分类问题。逻辑回归是二分类任务的首选方法之一。它会计算出一个 [0~1] 的概率值，根据阈值判断最终结果应该是 0 还是 1。

例如这个奖学金预测的例子就是一个判断 0 还是 1 的问题。类似的问题还有判断是否有某种疾病，判断客户是否为忠实客户，判断一张图片中的动物是猫还是狗。

这样问题变成了如何得到类似图 4-4 这样的曲线。在这个曲线中，最小值为 0，最大值为 1，可以方便地根据阈值预测结果。

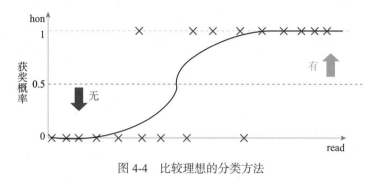

图 4-4 比较理想的分类方法

4.1.2 从线性回归到逻辑回归

我们使用 Sigmoid 函数将线性回归线转为逻辑回归线。Sigmoid 函数为

$$\sigma(z) = \frac{1}{1+e^{-z}}$$

函数图像如图 4-5 所示。

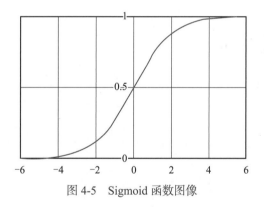

图 4-5 Sigmoid 函数图像

它能够将 $z = b + w_1 x_1 + \cdots + w_n x_n$ 转换为 $\hat{y} = \sigma(z)$，当 $z > 0$ 时，$\sigma(z) > 0.5$；当 $z < 0$ 时，$\sigma(z) < 0.5$。这里的 0.5 就是一个分界点，也就是判定边界。

4.1.3 判定边界

这个例子中，线的两侧有不同的获奖预测，这条线就叫判定边界（Decision Boundary）。

在如图 4-6 所示的例子中，可以画出数学成绩和阅读成绩与是否有奖学金的关系。判定边界的右侧预测为有奖学金，左侧为无奖学金。如果判定边界右移，则可以使预测为有奖学金的数据更多真的获奖，但是却丢失了一些其实有奖学金的数据。反之，如果判定边界左移，可以包括更多真的有奖学金的数据，但是却使误判为有奖学金的可能性增大。

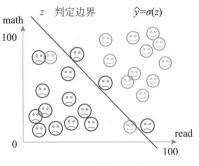

图 4-6　判定边界

4.1.4　KNIME 工作流

我们已经知道了机器学习的一般流程：读取数据→数据处理→模型训练及测试和模型评价。如图 4-7 所示的工作流使用 KNIME 可以很容易地建立。

机器学习流程的正确性极其重要，是得到好的机器学习模型的关键。在第 3 章我们介绍了使用 Metanode 或者 Component（组件）将复杂的节点进行整合，以便工作流看起来更加整洁、功能一目了然。这个工作流中，我们将数据处理、模型训练及测试和模型评价分别封装了 Metanode 及组件。我们的任务就是完成这些封装的内容。

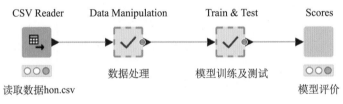

图 4-7　工作流概况

4.1.5　读取数据

读取数据跟以前的步骤一样，只要新建一个"CSV Reader"节点读取数据（hon.csv）文件即可。节点数据输出结果如图 4-8 所示。

#	RowID	read Number (integer)	write Number (integer)	math Number (integer)	hon Number (integer)
2	Row1	68	59	53	0
3	Row2	44	33	54	0
4	Row3	63	44	47	0
5	Row4	47	52	57	0
6	Row5	44	52	51	0
7	Row6	50	59	42	0
8	Row7	34	46	45	0
9	Row8	63	57	54	0
10	Row9	57	55	52	0
11	Row10	60	46	51	0
12	Row11	57	65	51	1
13	Row12	73	60	71	0
14	Row13	54	63	57	1
15	Row14	45	57	50	0

Rows: 200 | Columns: 4　　Table | Statistics

图 4-8　节点数据输出结果（hon.csv 数据一览）

4.1.6 数据处理

本例中的数据处理主要完成两个任务，一个是数据类型转换，一个是数据可视化。可以按图 4-9 所示建立数据处理的工作流，然后将其整合为 Metanode 即可。

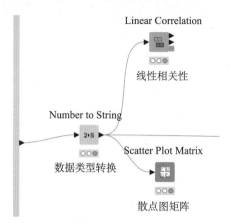

图 4-9 数据处理的工作流

1. 数据类型转换

观察图 4-8 中的数据，可以发现 hon 列的 0 和 1 并没有大小意义，仅仅代表有奖或者无奖。这样的话，我们就需要将其类型转换成分类数据。在 KNIME 中，我们将这类数值类型（Number）数据转换为字符数据（String）。建立一个"Number to String"节点，选择 hon 进行类型转换，如图 4-10 所示。

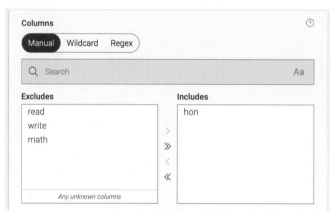

图 4-10 转变数据类型

2. 查看数据

我们可以通过相关性矩阵和散点图矩阵观察各个数据之间的关系。和线性回归中的情况一样，我们可以从图中分析数据关系，这里不再做详细介绍。

试一试

● 尝试使用不同可视化节点查看数据。

数据类型
转换

模型训练
与测试

4.1.7 模型训练及测试

与线性回归类似，这里先将数据分为训练集和测试集，然后将训练集导入"Logistic Regression Learner"节点，测试集和训练好的模型导入"Logistic Regression Predictor"（见图4-11）。建立好这个工作流后，可以将其整合成Metanode方便整个工作流模块化。

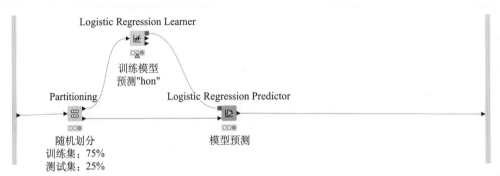

图4-11　模型训练及测试

1.模型训练设置

单击"Logistic Regression Learner"节点的设置按钮，在打开的界面中设置模型训练参数。我们的目标是hon，所以把"Target column"（目标列）设置为hon。我们想要预测的是有奖学金，也就是hon为1的情况，然后设置"Reference category"（相对参考特征）为0，注意这里不要填1，如图4-12所示。

图4-12　逻辑回归设置

2.预测器设置

接着单击"Logistic Regression Predictor"节点的设置按钮设置预测器，这里唯一需要设置的就是点选"Append columns with predicted probabilities"（根据模型计算的概率添加列）选项，如图4-13所示。这个选项会在输出的结果中添加模型计算的概率，方便之后评价模型。

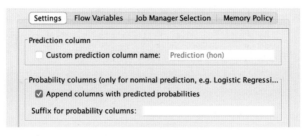

图 4-13　预测器设置

运行这个节点后，查看结果，即可看到附加的这一列，如图 4-14 所示。

Rows: 70 | Columns: 7

#	RowID	read Number (integer)	write Number (integer)	math Number (integer)	hon String	P (hon=0) Number (double)	P (hon=1) Number (double)	Prediction (hon) String
1	Row2	44	33	54	0	1	0	0
2	Row5	44	52	51	0	1	0	0
3	Row8	63	57	54	0	1	0	0
4	Row13	54	63	57	1	1	0	0
5	Row14	45	57	50	0	1	0	0
6	Row17	57	57	60	0	1	0	0
7	Row21	63	63	75	1	1	0	0
8	Row23	60	52	57	0	1	0	0
9	Row26	65	65	66	1	1	0	0
10	Row27	47	57	57	0	1	0	0
11	Row29	52	44	49	0	1	0	0
12	Row30	42	31	57	0	1	0	0
13	Row38	47	31	44	0	1	0	0

图 4-14　附加概率值列

4.1.8　模型评价

模型评价

模型可以用 ROC 曲线或者混淆矩阵等进行评价。建立该评价指标的节点如图 4-15 所示。同样可以将这两个节点整合为组件。

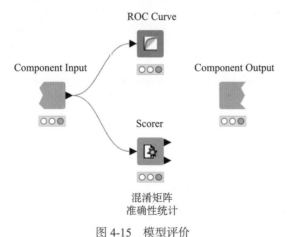

图 4-15　模型评价

关于这两个评价指标，下一部分内容中会有详细介绍，这里先了解下如何设置节点及好的标准是什么。

1. ROC

单击“ROC Curve”节点的设置按钮，打开设置界面，如图 4-16 所示，在右侧“Data”（数据）的“Target column”（类别列）选择“hon”变量，“Positive class value”（正分类值）

中选择真实值 1，"includes"中填入预测的概率，即"P(hon=1)"。在图中右侧单击"Save &execute"（保存并运行）按钮可以对 ROC 曲线进行预览。图 4-16 中，ROC 曲线在斜线上面的这部分面积越大越好，得出的 P (hon=1) AUC 值越接近 1 越好。

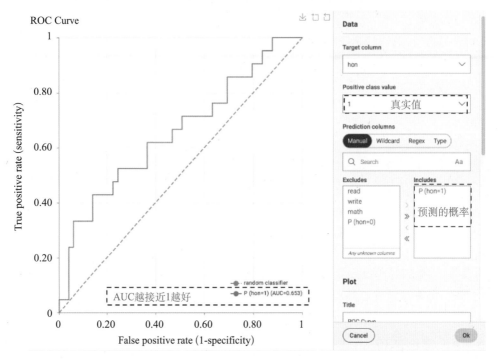

图 4-16　设置 ROC 节点并预览 ROC 曲线

2. 实战其他评价指标

如图 4-17 所示，设置"Scorer"节点，"First Column"（第一列）和"Second Column"（第二列）分别为 hon 和 Prediction (hon)，运行后可查看结果。"Confusion matrix"（混淆矩阵）如图 4-18 所示，"Accuracy statistics"（准确性统计）如图 4-19 所示。

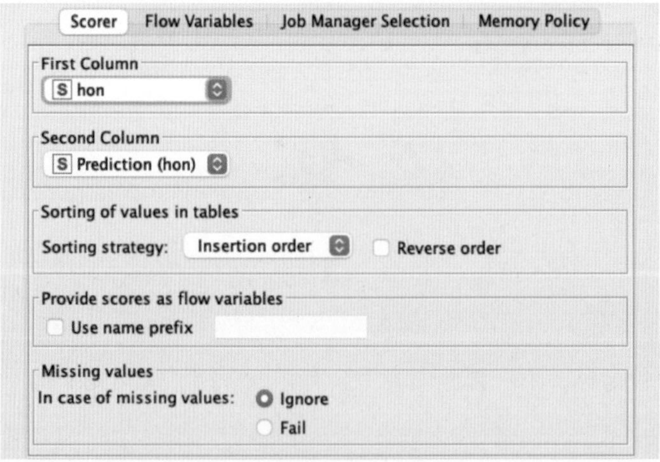

图 4-17　设置评分器

图 4-18 混淆矩阵

图 4-19 准确性统计（模型评分）

结果中我们主要分析以下两个指标。

- 混淆矩阵：左上到右下的对角线之和越大越好。
- F1（即 F-measure）：越接近于 1 越好。

混淆矩阵和其他评价指标可以分别在节点监察区的"Confusion matvix"和"Accuracy statistics"表格中依次查看（有关内容见图 4-18 和图 4-19）。

试一试

- 如果没有点选如图 4-13 所示的"Append columns with predicted probabilities"（根据模型计算的概率添加列）选项，哪些评价指标无法得到？想一想为什么？

4.2 逻辑回归实战

这部分我们来做一个 Kaggle 机器学习的经典入门案例——泰坦尼克号生存问题。通过这个案例，深入理解机器学习的步骤和方法，提高对 KNIME 这个工具的掌握程度，为以后的学习和工作打下坚实的基础。

4.2.1 泰坦尼克号生存问题背景介绍

在做数据分析类型的研究时，对问题背景的掌握是必需的，所以我们了解一下这个问题的背景。

泰坦尼克号（见图 4-20）是一艘英国皇家邮轮，也是白星航运公司旗下的 3 艘奥林匹克级邮轮之一，在其服役期间是全世界最大的海上船舶，由贝尔法斯特哈兰德与沃尔夫造船厂建造，号称"永不沉没"、"梦幻之船"。头等舱在设计上追求舒适和奢华的最高水准，设有健身房、游泳池、接待室、高档餐厅和豪华客舱。船上也有一台高功率的无线电报机，为乘客提供马可尼无线电报公司的电报收发服务，以及泰坦尼克号的航务通信。

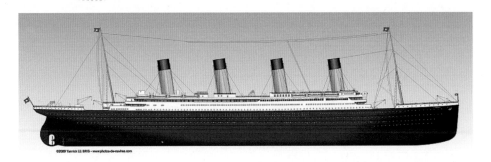

图 4-20　泰坦尼克号

1912 年 4 月 10 日，泰坦尼克号展开首航，也是唯一一次的载客出航，最终目的地为纽约。部分乘客为当时世界上顶尖富豪，以及许多来自英国、爱尔兰、斯堪的纳维亚和整个欧洲其他地区的移民，他们寻求在美国展开新生活的机会。4 月 14 日至 15 日子夜前后，在中途发生碰撞冰山后沉没的严重灾难。2224 名船上人员中有 1514 人罹难，成为近代史上最严重的和平时期船难事故。船长爱德华·约翰·史密斯最终与船一起沉没，泰坦尼克号总设计师汤玛斯·安德鲁斯也在这起灾难中死亡。

1985 年，美国海军军官罗伯·巴拉德率领团队发现了泰坦尼克号残骸，该船分裂成两部分，并在 3784 米的海底深处逐渐瓦解，沉船内成千上万的文物已在世界各地的博物馆中复原并展示。泰坦尼克号已成为历史上最著名的船舶之一，许多流行文化作品保存了关于她的故事，包括书籍、民谣、电影、展览和纪念品。泰坦尼克号也是"一战"前世界上第二大的远洋客轮残骸，仅次于她的姊妹舰不列颠号。

根据当时公众的做法，在船舶不会马上沉没的情况下，救生艇用来将乘客接驳到附近的船只上。泰坦尼克号携带的 20 艘救生艇只能运载约一半的人员，如果是满载的情形，则只有约三分之一的人可以一次性地登上救生艇。且船员没有得到充分的疏散训练，他们不知道救生艇即使坐满也能安全漂浮，所以很多救生艇下水时只能坐了一半人。三等舱乘客大部分都被船员留置于下层甲板，他们只能自己想办法穿越障碍，导致其中的许多乘客受困，而大部分下层甲板都充满了海水。副官在指挥登艇时一般都遵循女人和小孩优先的原则，大部分男性乘客和船员都留在船上。

本问题是 Kaggle 竞赛的一个入门题目，要根据乘客信息，判断乘客能否活下来。

遵循机器学习的一般步骤，我们将会使用 KNIME 工具实现数据读取、数据处理、模型训练与测试、模型评价等一系列步骤。总体的工作流参照图 4-7。

想一想

● 为什么你需要了解泰坦尼克号的背景？

4.2.2　读取数据

首先读取数据（Titanic_train.csv），接着查看数据，会发现有大量的数据缺失，而且数据格式化程度也不太好（见图 4-21）。这说明我们需要花很多精力进行特征预处理。其中的数据意义如表 4-2 所示。

Rows: 891 | Columns: 12

#	RowID	Passenge... Number (integ...	Survived Number (integ...	Pclass Number (integ...	Name String	Sex String	Age Number (doub...	SibSp Number (integ...	Parch Number (integ...	Ticket String	Fare Number (doub...	Cabin String	Embarked String	
1	Row0	1	0	3	Braund, Mr. O...	male	22	1	0	A/5 21171	7.25	?	S	
2	Row1	2	1	1	Cumings, Mrs...	female	38	1	0	PC 17599	71.283	C85	C	
3	Row2	3	1	3	Heikkinen, Mi...	female	26	0	0	STON/O2. 31...	7.925	?	S	
4	Row3	4	1	1	Futrelle, Mrs.	female	35	1	0	113803	53.1	C123	S	
5	Row4	5	0	3	Allen, Mr. Willi...	male	35	0	0	373450	8.05	?	S	
6	Row5	6	0	3	Moran, Mr. Ja...	male		0	0	330877	8.458	?	Q	
7	Row6	7	0	1	McCarthy, Mr. ...	male	54	0	0	17463	51.862	E46	S	
8	Row7	8	0	3	Palsson, Mast...	male	2	3	1	349909	21.075	?	S	
9	Row8	9	1	3	Johnson, Mrs...	female	27	0	2	347742	11.133	?	S	
10	Row9	10	1	2	Nasser, Mrs....	female	14	1	0	237736	30.071	?	C	
11	Row10	11	1	3	Sandstrom, M...	female	4	1	1	PP 9549	16.7	G6	S	
12	Row11	12	1	1	Bonnell, Miss...	female	58	0	0	113783	26.55	C103	S	
13	Row12	13	0	3	Saundercock,...	male	20	0	0	A/5. 2151	8.05	?	S	
14	Row13	14	0	3	Andersson, Mr...	male	39	1	5	347082	31.275	?	S	

图 4-21　数据一览

表 4-2　数据意义

变量	定义	备注
Survived	生存与否	0：死亡，1：生存
Pcalss	舱位	1，2，3 = 1，2，3等舱
Sex	性别	
Age	年龄	
Sibsp	登船的兄弟姐妹及配偶的人数	
Parch	登船的父母及子女的人数	
Ticket	票号	
Fare	票价	
Cabin	船舱号	
Embarked	登船港口	

4.2.3　数据预处理

这个例子中，数据处理十分重要，因为数据很不"干净"，需要进行大量的清洗工作。这部分由"Data Manipulation"（数据处理）Metanode 完成，其具体实现如图 4-22 所示。首先我们使用"Column Filter"节点将无关列删除，然后使用"Number To String"节点将数据类型转变为字符串类型，并处理缺失数据，最后根据数据可视化的分析结果，删除无关列或者进行进一步的特征预处理。这里我们没有进行进一步的特征预处理，而只是删除无关列。

数据处理

图 4-22　数据预处理

1. 删除无关列

数据处理的第一步就是将无关列删除。无关列和我们要分析的问题完全没有关系，例如乘客ID（PassengerId），将其删除。双击"Column Filter"节点，在打开的界面中，按图4-23所示进行设置，将 ID 删除。

图 4-23　删除无关列

2. 数据类型转换

有些数据虽然是以数字形式存在的，但是它们和数值大小完全没有关系。这些数据就是以前我们提到过的分类数据。

这里，Survived 和 Pcalss 就是分类数据，却以数字（Number）的形式存在，我们需要告诉模型它们的真实类型。单击"Number To String"节点的配置按钮，在打开的设置界面中按图4-24所示选择二者，从而将数据类型为 String。

图 4-24　更改数据类型

3. 处理缺失数据

处理缺失数据是一个巨大的工程，绝不是可以简单地完成的。我们目前只采用最简单的方法处理一下缺失数据。首先明确一个要点：绝对不要随便删除一行数据。基于这个要点，我们就不应该因为某个数据的缺失，将缺失数据所在的整行数据删除。一般来说，我们需要使用某些值填充这些缺失的值，常用的填充值有平均值、中位数、最常见的值。在这个例子中，我们采用这些最简单的方法，实现缺失值的填充。双击"Missing Value"节点，在打开的界面中按图4-25所示将有缺失值的数值数据用平均值（Mean）填充，将有缺失值的分类数据用最常见的值（Most Frequent Value）填充。

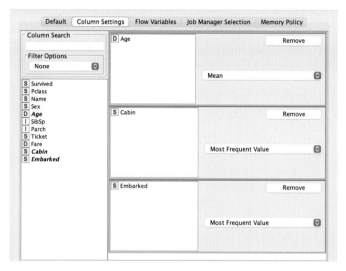

图 4-25　缺失值处理

4. 数据可视化

数据可视化是数据处理中重要的一环，这一部分我们在后一小节中详细介绍。

4.2.4　数据可视化及删除无关列

数据可视化可以帮助我们更深入地理解要处理的问题，更容易发现一些数据关系等。数据可视化通过"Data Views"组件（Component）实现（见图4-22），按照3.2.4 节整合界面的介绍，将组件展开如图4-26 所示。

数据可视化

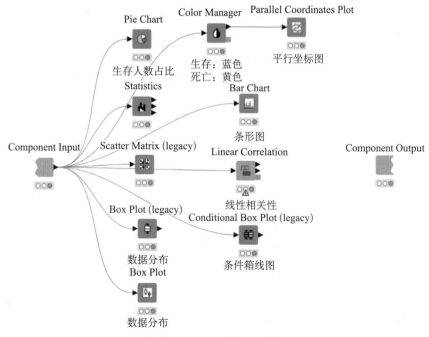

图 4-26　数据可视化组件

1. 生存占比分析

通过"Pie Chart"节点查看生存情况。如图 4-27 所示，设置"Category dimension"（分类维度）为变量"Survived"，"Aggregation"（聚合方法）为"Occurrent count"（频数统计），单击"Save & execute"按钮后得到饼图，将光标分别放在两块"饼"上，便可以看到死亡（0）的人数明显比生存（1）下来的人多，且生存率仅为38.38%。

如果想要在饼图中自动显示每个类别的数量和占比，就需要按照图 4-28 所示进行设置："Label value format"（标签值格式）选择"Both"，该选项包含了要显示的 Absolute（频数）数值和 Proportion（占比）；"Label content"（标签内容）同样选择"Both"，这样 Category（分类数据）和 Value（标签值）就都可以在饼图中显示出来了。最后试一试将"Dount chart"选项勾上，可以看到原来的饼图变成了更为美观的"甜甜圈"图。

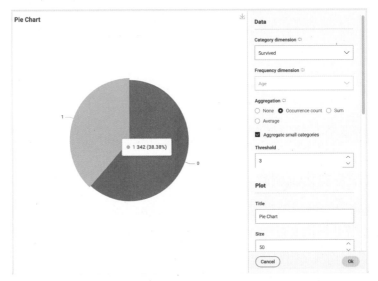

图 4-27　饼图基础设置

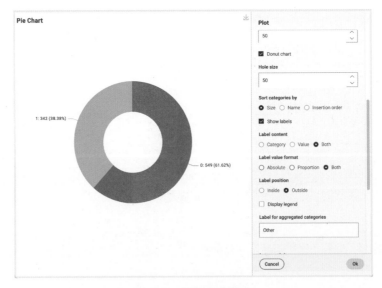

图 4-28　饼图显示设置

2. 给数据着色

数据表的优势是可以看到精确的各个数值，图形的优势是可以直观地感受到数据的趋势关系等信息。有没有什么方法能够结合二者的优势呢？ KNIME 提供给我们一个给数据着色的功能。如果想要让泰坦尼克号数据中所有存活的人显示为蓝色，死亡的人显示为黄色，可以双击"Color Manager"节点，在打开的界面中按图 4-29 所示进行设置，"Color by…"（着色列）选择"Survived"列，然后分别选中 0 和 1，在下方的"Palettes"（调色板）中分别选中黄色和蓝色。

图 4-29　设置着色节点

运行此节点后，查看运行结果，可以观察着色效果如图 4-30 所示。

#	RowID	Survived String	Pclass String	Name String	Sex String	Age Number (double)	SibSp Number (integer)	Parch Number (integer)	Ticket String	Fare Number (double)	Cabin String	Embarked String
1	Row0	0	3	Braund, Mr. Ow…	male	22	1	0	A/5 21171	7.25	?	S
2	Row1	1	1	Cumings, Mrs.…	female	38	1	0	PC 17599	71.283	C85	C
3	Row2	1	3	Heikkinen, Miss…	female	26	0	0	STON/O2. 3101…	7.925	?	S
4	Row3	1	1	Futrelle, Mrs. J…	female	35	1	0	113803	53.1	C123	S
5	Row4	0	3	Allen, Mr. Willia…	male	35	0	0	373450	8.05	?	S
6	Row5	0	3	Moran, Mr. Jam…	male	?	0	0	330877	8.458	?	Q
7	Row6	0	1	McCarthy, Mr. T…	male	54	0	0	17463	51.862	E46	S
8	Row7	0	3	Palsson, Maste…	male	2	3	1	349909	21.075	?	S
9	Row8	1	3	Johnson, Mrs.…	female	27	0	2	347742	11.133	?	S
10	Row9	1	2	Nasser, Mrs. Ni…	female	14	1	0	237736	30.071	?	C
11	Row10	1	3	Sandstrom, Mis…	female	4	1	1	PP 9549	16.7	G6	S
12	Row11	1	1	Bonnell, Miss. E…	female	58	0	0	113783	26.55	C103	S
13	Row12	0	3	Saundercock,…	male	20	0	0	A/5. 2151	8.05	?	S
14	Row13	0	3	Andersson, Mr.…	male	39	1	5	347082	31.275	?	S
15	Row14	0	3	Vestrom, Miss.…	female	14	0	0	350406	7.854	?	S

Rows: 891 | Columns: 11　　　Table | Statistics

图 4-30　观察着色效果

这样可以将数据以彩色的形式展现，更方便我们发现数据背后的信息（具体应用见下面的"平行坐标图"）。

3. 统计数据

在之前的内容中，已经介绍过"Statistics"节点。我们可以使用此节点，查看数据的统计信息，这里就不再具体详述了，希望大家自己研究一下。

4. 条形图

接着我们可以使用条形图"Bar Chart"节点查看一下不同生存状况的人兄弟姐妹（SibSp）和儿女父母数量（Parch）的关系。如图 4-31 所示，在"Bar Chart"节点设置"Category dimension"（分类维度）为变量"Survived"，"Aggregation"（聚合方法）为"Average"（平均值），在"Includes"中选择"SibSp"和"Parch"后，然后在下方的"Plot"（绘图）选项中选中 ☑ Show bar values ，可以看出：在生存（1）的人中兄弟姐妹和儿女父母数量大致相当，而死亡（0）的人中两者相差较大。

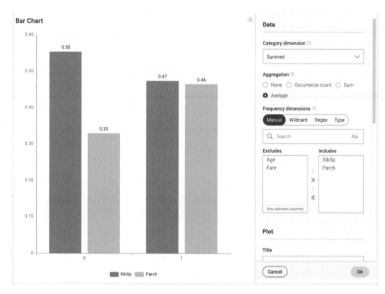

图 4-31　条形图比较

5. 散点图矩阵

利用"Scatter Matrix（legacy）"节点可以观察数据的分布，按图 4-32 所示设置散点图矩阵，观察生存与所选特征的关系。但是很快发现，除了生存与年龄的关系，其他特征因为都是整数或者分类数据，所有数据都缩在一起，看不出来到底有多少信息。这个问题怎么解决呢？

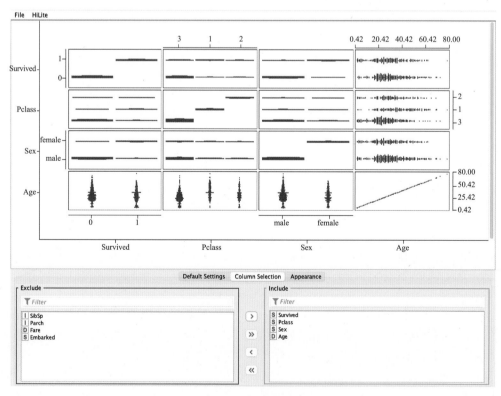

图 4-32　散点图矩阵

如图 4-33 所示，单击"Appearance"（外观设置）标签，然后设置"Jitter"（抖动）到合适的值，使得自己认为能看清楚数据详情即可。调整完毕，我们可以看出，死亡的人数多于生存的人数，三等舱死亡人数远远多于生存人数，男性死亡人数远远多于女性，年轻人死亡人数偏多。选择其他特征，还可以发现更多信息。

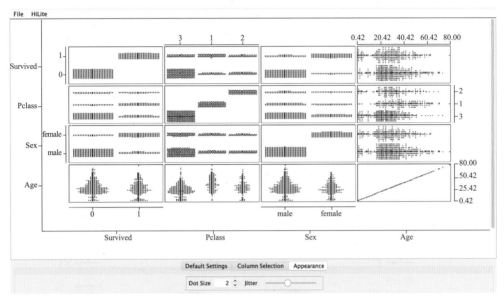

图 4-33　设置"Jitter"

试一试

● 尝试不同抖动设置，找到合适观察设置。

6. 相关性矩阵

对"Linear Correlation"节点可以结合散点图矩阵来看，如图 4-34 所示，舱位（Pclass）和性别（Sex）与生存情况（Survived）相关性很大，与前面通过散点图看到的信息一致。

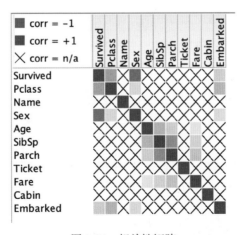

图 4-34　相关性矩阵

7. 箱线图

接着看看箱线图能带给我们什么信息。先来看一下"Box plot (legacy)"节点能带给我们什么信息如图 4-35 所示。从这个图中可以发现由于各个数据范围不一样，"SibSp"和"Parch"数据看不清楚了，所以可能需要将取值范围近似的特征放在一起查看，而不是将所有数据放在一起查看。但是这样做的话是不是太麻烦了？

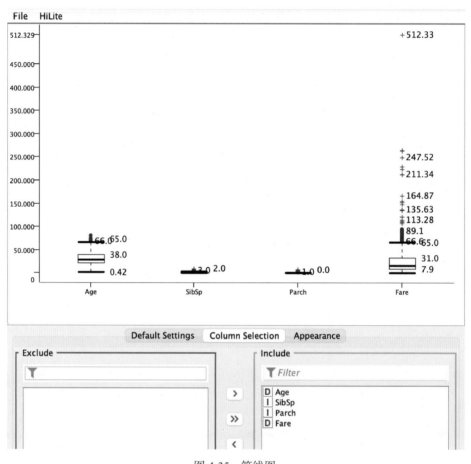

图 4-35　箱线图

KNIME 这次又为我们提供了解决办法，如图 4-36 所示，选择"Appearance"（外观设置）标签，勾选"Normalize（with respect to min/max values of the domain）"（最大最小标准化）选项，图形就会以归一化后的形式显示，我们就很容易看清楚各个数据了。

和普通箱线图类似，KNIME 还提供了一个"Conditional Box Plot（legacy）"节点，按如图 4-37 设置这个节点。因为现在想要查看各个数据在不同存活状态下的情况，所以"Nominal column"（条件列）选择"Survived"，"Numeric column"（数字列）选择一个自己想要查看的特征即可，效果如图 4-38 所示。

在新版"Box Plot"节点中，对应设置"Condition column"（条件列）为"Survived"，"Includes"（包含列）中选择一个特征也能实现同样的功能，如图 4-39 所示。

如图 4-38 和图 4-39 所示，横坐标的 0 和 1 分别代表死亡和存活，纵坐标是票价。从这个图中可以看出，存活的人票价偏高。

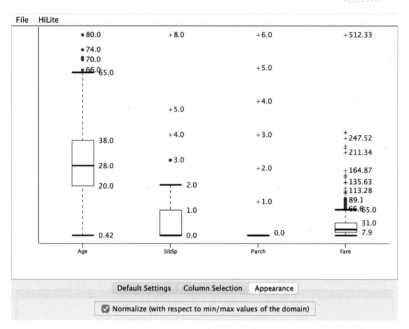

图 4-36 箱线图归一化显示

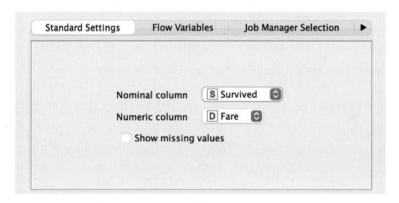

图 4-37 条件箱线图设置

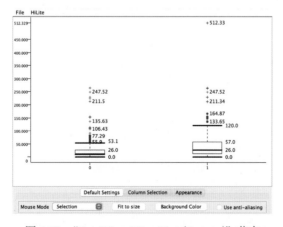

图 4-38 "Conditional Box Plot（legacy）"节点

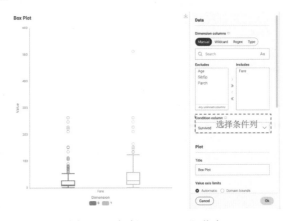

图 4-39　新版 "Boxplot" 节点

8. 平行坐标图

最后看一个研究高维度数据常用的可视化方法——平行坐标图。该图通过 "Parallel Coordinates Plot" 节点实现，通常需要与连接 "Color Manager" 节点输出配合使用。图 4-39 所示为 "Parallel Coordinates Plot" 节点的设置：在 "Vertical dimensions"（变量选择）中选择舱位（Pclass）、性别（Sex）、年龄（Age）、登船港口（Embarked）等变量，在 "Color dimension"（颜色变量）选择经过 "Color Manager" 节点着色的 "Survived" 列，单击 "Save & execute" 按钮后便绘制出平行坐标图，这样 "Survived" 设置的颜色就会显示为平行坐标图中线条的颜色。为减少线条之间相互覆盖影响观察，可以在 "Line shape" 选项中选 ○ Straight ● Curved 将线条设置为曲线（Curved）形式。

在图 4-39 中，平行坐标图的每一条竖线（坐标轴）代表了我们选择的变量，每一条曲线代表读取的每一行数据，曲线在每一个轴上的位置就对应了该行数据在该变量上的数值。通过观察不同颜色的曲线在多个变量上的数值、走势以及密集程度，我们可以比较直观地观察这样的数据关系：生存（蓝色）人数主要集中在一等和二等舱的女性，她们主要在 S 和 C 港口登船，年龄相对年轻。选择其他特征，还可以发现更多信息。

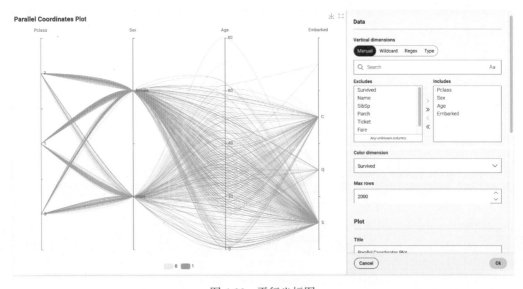

图 4-39　平行坐标图

试一试

● 请读者自行尝试解释平行坐标图。

泰坦尼克号–
模型训练
和测试

4.2.5　模型训练和测试

这部分在"Train & Test"（模型训练和测试）Metanode 中实现，其具体实现方法如图 4-40 所示。

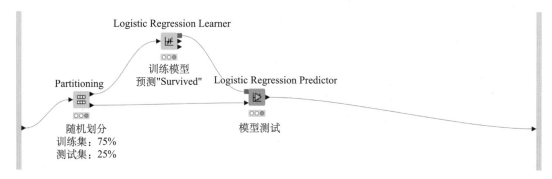

图 4-40　模型训练和测试

首先将数据划分为训练集和测试集，然后进行逻辑回归学习器的训练，最后使用测试数据和训练好模型的预测器。

"Logistic Regression Learner"节点设置如图 4-41 所示。

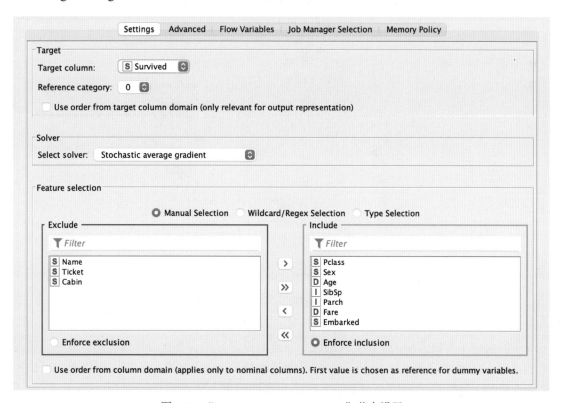

图 4-41　"Logistic Regression Learner"节点设置

目标"Target column"（目标列）设为"Survived"，"Reference category"（参考类别）设为 0。因为 Name、Ticket 和 Cabin 信息复杂，暂时不方便分析，所以将它们从模型数据中排除。

下一步进行"Logistic Regression Predictor"节点设置，如图 4-42 所示，主要就是将计算出的概率附加在数据表中，以供后面计算 ROC 时使用，因此需要选中"Append columns with predicted probabilities"。

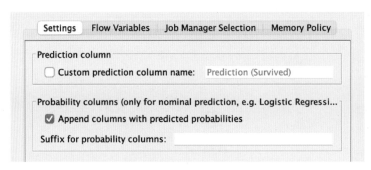

图 4-42 "Logistic Regression Predictor"节点设置

4.2.6 模型评价

最后一步就是模型评价了。这里我们可以使用介绍过的 ROC、混淆矩阵等评价指标，打开"Scores"组件如图 4-43 所示。

泰坦尼克号–
模型评价

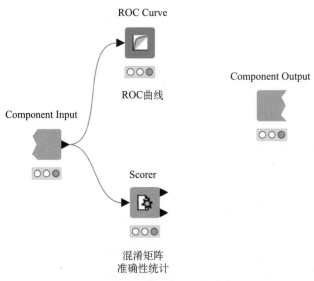

图 4-43 "Scores"组件（模型评价）

1. ROC

和前面例子类似，单击"ROC Curve"节点的设置按钮，首先设置真实值，其次设置预测的概率，如图 4-44 所示。运行之后即可得到左侧的 ROC 曲线。从图中可以看出，ROC 值为 0.820，已经很接近 1 了，说明我们的模型预测效果不错。

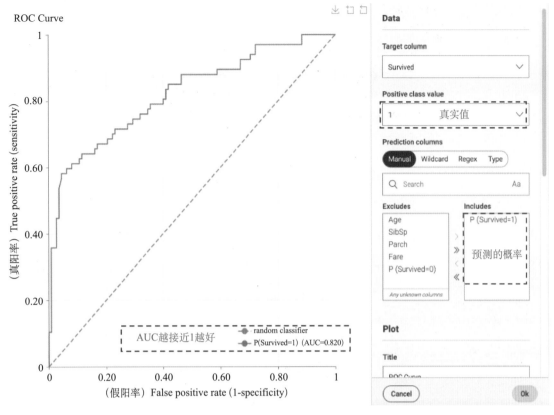

图 4-44 "ROC Curve"节点设置

2.其他评价指标

其他评价指标只要知道真实值和预测值即可，单击"Scorer"节点的设置按钮，再按图 4-45 所示进行设置。

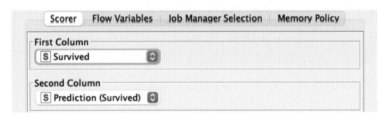

图 4-45 其他评价指标设置

运行之后即可得到包括混淆矩阵、F1（即 F-Measure）在内的各种评价指标。

单击节点上方的"Open view"（打开图像）按钮可以观察混淆矩阵。如图 4-46 所示，两列分别对应的是预测死亡（0）和生存（1），两行分别对应的是实际死亡（0）和生存（1）。左上角和右下角的数据分别为 94 和 43，这两个数据相加就是预测正确的情况，显然这两个数据之和越大越好。而且从图 4-46 中也可以看出准确率为 76.536%，这个数据是模型初步训练的结果，效果比较一般，我们肯定是希望这个数据越大越好。在第 5 章中我们将介绍如何提高模型的准确性。

File   Hilite

Survived \ ...	0	1
0	94	18
1	24	43

Correct classified: 137   Wrong classified: 42

Accuracy: 76.536%   Error: 23.464%

Cohen's kappa (κ): 0.49%

图 4-46　混淆矩阵

4.2.7　模型解释

数据分析的问题往往不仅需要模型本身，还需要对模型进行解释。

在很多应用场景中，模型再好，如果无法解释的话，则仍然无法有效使用；好的模型而且有好的解释方法，将会对模型的推广应用起到极大的好处。

前面已经对线性回归模型进行了解释，这里接着熟悉下逻辑回归模型的解释。

单击"Logistic Regression Learner"节点，在节点监察区选择"Coefficients and Statistics"（回归系数和统计）标签，观察模型参数结果，如图 4-47 所示。

■ 1: Model for Predictor	▶ 2: Coefficients and Statistics	3: Model and Learning Properties	☑ Flow Variables

Rows: 10 | Columns: 6   Table Statistics

#	Row... Logit String	Variable String	Coeff. Number (double)	Std. Err. Number (double)	z-score Number (double)	P>|z| Number (double)
1	Row1 1	Pclass=2	-1.088	0.337	-3.231	0.001
2	Row2 1	Pclass=3	-2.29	0.341	-6.716	0
3	Row3 1	Sex=male	-2.735	0.225	-12.184	0
4	Row4 1	Age	-0.044	0.009	-4.806	0
5	Row5 1	SibSp	-0.373	0.125	-2.994	0.003
6	Row6 1	Parch	0.052	0.142	0.362	0.717
7	Row7 1	Fare	0.002	0.003	0.868	0.385
8	Row8 1	Embarked=Q	0.125	0.432	0.288	0.773
9	Row9 1	Embarked=S	-0.36	0.279	-1.291	0.197
10	Row10 1	Constant	4.231	0.546	7.746	0

图 4-47　模型参数

除了系数"Coeff"，可以发现在"Variable"列出现了一些奇怪的信息，比如"Pclass=2"和"Pclass=3"。我们知道这列数据代表舱位信息，那么问题来了，"Pclass=1"呢？

1. 哑变量

这些奇怪的信息就是哑变量。在处理分类数据，比如职业、性别等信息时，并不能够定量处理，需要采取一定方法将其量化。这种"量化"通常是通过引入"哑变量"（Dummy Variable）来完成的。根据这些因素的属性类型，构造只取"0"或"1"的人工变量。

例如，在这个例子中，舱位的 1，2，3 并没有实际的数值意义，将其转为哑变量的话，就是将"Pclass"转为"Pclass=2"和"Pclass=3"，并且"Pclass=2"和"Pclass=3"只能有一个取值为 1。哪个为 1，就是舱位为哪个。如果"Pclass=2"和"Pclass=3"都是 0，那就间接告诉我们"Pclass=1"。

所以这个时候就有一个需要注意的问题。这个例子中的舱位，一般不会将"Pclass=1"、"Pclass=2"和"Pclass=3"都引入，因为三者满足条件"Pclass=2"＋"Pclass=2"＋"Pclass=3"＝1，而且要求"Pclass=2"，"Pclass=2"和"Pclass=3"三者只能有一个为 1。这就导

致只要知道其中两个，就知道第三个值，所以对于这个问题，KNIME 给出的哑变量是
"Pclass=2" 和 "Pclass=3" 而没有 "Pclass=1"。

一般来说，对于线性模型（如线性回归和逻辑回归），某个特征转换可能取值的个数为
n，此特征对应的哑变量个数为 $n-1$。

知道了这些，自然就明白了后面出现的 "Sex=male" 等。

2. 系数的意义

下面进入正题，逻辑回归的系数有什么意义呢？逻辑回归的系数不能像线性回归那样简
单地理解，因为逻辑回归经过了 Sigmod 函数的转换。总的来说，其意义如下所列。

- 符号为正表示正影响，符号为负表示负影响。
- 系数绝对值大，影响就大。

观察图 4-47，可以发现 "Pclass=3" 的系数是负数，这就说明它相对于 "Pclass=1" 来
说是负影响，也就是更不容易存活了。接着观察 "Sex=male" 的系数，是一个很大的负数，
这个与男性乘客死亡率远大于女性乘客相符。总之，观察模型参数，可以增加你对问题的
认识。

想一想

- 根据模型系数，试着分析你的模型。

4.3　课后练习

1. 简述判定边界对模型准确率的影响。
2. 简述逻辑回归可以用的评价指标。
3. 使用 KNIME 的数据可视化方法深入理解数据。
4. 哑变量是什么？
5. 如何解释逻辑回归的系数？
6. 结合图 3-68，分析图 4-22 中的工作流有没有问题，有问题的话分析问题出在哪里？
如何解决？

第5章

模型优化

人生像攀登一座山，而找山寻路，却是一种学习的过程。

——席慕蓉

本章知识点

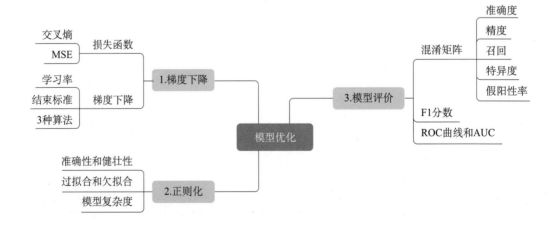

在机器学习领域，我们需要一个明确的奋斗目标并采取措施为之奋斗，这就是模型优化的目标是什么和怎样优化。这里我们将探寻机器学习的一些重要概念，其中最重要的就是梯度下降。

5.1　梯度下降

在模型的训练过程中，会涉及大量的参数设置问题，如何更快更好地设置这些参数，直接关系最终模型的好坏。理解梯度下降算法，可以帮助我们更快地调试出更好的模型。

5.1.1　损失函数

前面介绍过损失函数（Loss Function，Cost Function），它被用来估量模型的预测值与真实值的不一致程度。线性回归使用了 MSE 作为损失函数。二分类的逻辑回归使用交叉熵损失函数（Cross Entropy Loss）：

$$L = -\left[y\log\hat{y} + (1-y)\log(1-\hat{y}) \right]$$

其中 L 是损失函数，y 是真实值，$\hat{y}$ 是预测值。对于二分类问题，目标只会取 0 或者 1。这个损失函数有什么意义呢？为什么它可以作为损失函数呢？

我们可以将它分情况进行考虑。当真实值 y 为 0 时，交叉熵变为：

$$L = -\log(1-\hat{y})$$

回顾第 4 章介绍，预测值 $\hat{y}$ 是一个取值范围为 $[0,1]$ 的概率，这样交叉熵就成了如图 5-1 所示的样子。想要最小化这个损失函数，必然想要预测值越接近 0 越好。

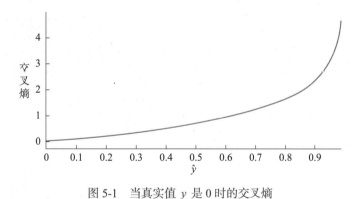

图 5-1　当真实值 y 是 0 时的交叉熵

类似地，当真实值 y 是 1 时，交叉熵变为：

$$L = -\log\hat{y}$$

这样交叉熵就成了如图 5-2 所示的样子。想要最小化这个损失函数，必然想要预测值越接近 1 越好。

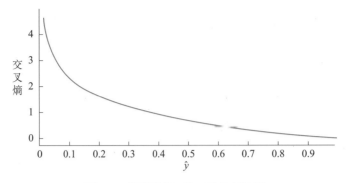

图 5-2　当真实值 y 是 1 时的交叉熵

如何使交叉熵损失函数最小化呢？我们使用梯度下降算法计算损失函数的最小值。

损失函数的选取要根据问题的不同而不同，简单来说，回归问题可以选用 MSE，分类问题可以使用交叉熵。如果损失函数选取错误，则很可能导致模型无法优化甚至报错。选择合适的损失函数，关系到模型是否能得到好的优化。

1. 梯度

以等高线帮助理解梯度比较方便。在某一点，垂直于等高线走的线就是梯度线。而梯度本身是一个标量。珠穆朗玛峰等高线地图，如图 5-3 所示，围绕着主峰有一圈一圈的等高线。从峰顶开始画线，一直垂直于等高线往山下走画出的线就是梯度线。等高线密集的地方坡陡，等高线稀疏的地方坡缓。如果要下坡的话，我们肯定沿着梯度线走比较快。如果把这个地图看成是损失函数，则现在我们的问题就变成了如何找到梯度，然后沿着梯度线下降以减小损失函数。

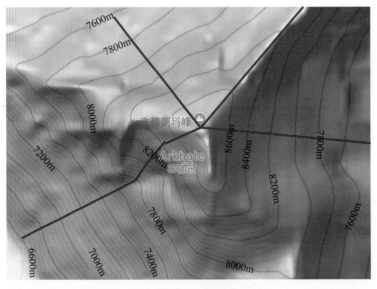

图 5-3　珠穆朗玛峰等高线地图

2. 梯度下降

怎样找到最低的那个点呢？梯度下降算法简单地说就是沿着梯度走下来。如图 5-4 所示，我们从山顶 8848 米高度可以沿着梯度线一直下去到海拔 5500 米的位置。

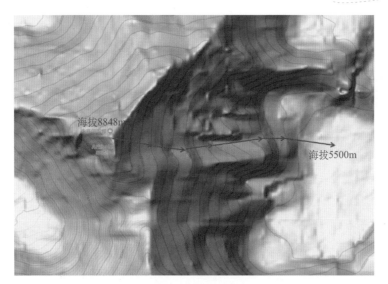

图 5-4 梯度下降

具体怎么知道应该朝哪个方向走呢？我们可以用这个公式：

下一个位置 = 当前位置 — 学习率 × 梯度

这里的学习率是一个正数，一个超参数，也就是一个靠经验设置的值。想要找到最小的值，就是这个公式循环往复一直计算，不断更新迭代下一个位置的值。

梯度下降算法示意图，如图 5-5 所示，我们要使用梯度下降算法优化模型中的某一个参数，左侧梯度为负，右侧梯度为正。当初始位置在右侧时，更新后的值为当前值减去一个正数，更新后新值左移，下一个位置会比当前位置低。当初始位置在左侧时，更新后的值为当前值减去一个负数，更新后新值右移，下一个位置也会比当前位置低。在理想条件下，下一个位置总会不断降低。循环计算下一个位置，慢慢地就会找到最低点。每一个循环叫作一个周期（Epoch）。

3. 学习率（Learing Rate）

使用梯度下降算法有一个学习率的问题，其值太大或者太小都不好。观察梯度下降算法示意图（见图 5-5），想想其中的原因。

结合图 5-6 来看看学习率大小的问题。如果学习率太大，就会产生每一步迈得太大的问题，将要优化的参数值在最低点附近来回变化，导致损失函数梯度来回震荡而不能下降。甚至有可能因为学习率设置得太大，导致梯度震荡上升。反之，如果学习率太小，即每一步都谨小慎微，虽然损失函梯度绝对值一直降低，但是步子太小，效率太低。所以，如何设置学习率，是一个考验机器学习工程师能力和经验的艺术。

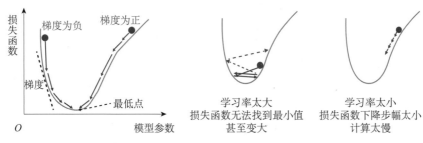

图 5-5 梯度下降算法示意　　　　图 5-6 学习率设置太大或者太小

4. 结束标准

怎么样才能知道什么时候可以使梯度下降算法循环结束呢？我们有两个标准，满足其中一个即可截止：

- 损失函数小于阈值（ϵ）。
- 已经运行了设置的最大周期数。

5. 梯度下降算法是否正常工作

我们已经了解了学习率和结束标准，这些知识有什么用呢？最有用的地方就是想要知道梯度下降算法是否正常工作。我们可以画出损失函数每个周期的变化。

正常情况下，损失函数应该随着周期数持续下降，最后稳定在某个值的附近，如图 5-7 所示。

为什么损失函数开始下降得快之后越来越慢趋于稳定呢？结合图 5-5 观察梯度下降算法，当梯度比较大的时候，山坡更陡一些，因为山坡越陡梯度越大，所以每个周期更新的步长也比较大，梯度下降比较多。随着梯度不断下降，山坡变得越来越平缓，导致梯度变小，所以每个周期更新的步长也相应变小了，从图 5-7 上看就是越来越稳定了。

出问题的损失函数随周期变化会有什么表现呢？如图 5-8 所示，结合图 5-6，如果学习率设得太小，将会发现损失函数一直在下降，但是不能稳定下来，这就是上面说的下降速度太慢，一直达不到最低点附近。但是如果学习率设得太大，将会发现损失函数很快下降到某个比较大的值附近，便不再变化，说明损失函数的梯度值发生了震荡。假设发现损失函数不降反升，那就说明学习率设置得过于巨大了，导致梯度更新的每一步都上升而不是下降。

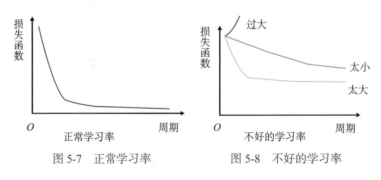

图 5-7　正常学习率　　　　　图 5-8　不好的学习率

6. 梯度下降算法的种类

1）批量梯度下降（Batch Gradient Descent，BGD）

这种算法中，所有样本参与计算梯度，所有参数同时更新，计算效率高，内存需求大，如图 5-9 所示。

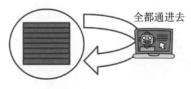

图 5-9　批量梯度下降

2）随机梯度下降（Stochastic Gradient Descent，SGD）

这种算法中，样本一个一个地参与计算梯度，计算资源消耗大，计算过程不是很稳定，如图 5-10 所示。

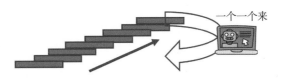

图 5-10 随机梯度下降

3）小批量梯度下降（Mini-batch Gradient Descent）

这种算法结合上面两种算法，将样本分成若干份，一份一份地参与梯度计算，如图 5-11 所示。

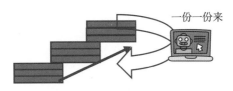

图 5-11 小批量梯度下降

比较这几种算法，可以发现它们的运行路径十分不同，如图 5-12 所示，一环一环的圆圈就是等高线，最终目的就是要找到等高线围起来的中心点。批量梯度下降的所有参数同时参与运算，所以总体来说梯度朝着固定的方向变换，曲线平滑。从图上看最明显的标志就是曲线前进的路径与等高线垂直。而随机梯度下降算法因为样本一个一个地参与计算梯度，所以不能保证每次运算都能够减小梯度，从而导致曲线乱撞。小批量梯度下降则综合两种方法，所以虽然也抖动，但是朝着一个方向前进的趋势更加明显。从图上看出，小批量梯度下降的表现介于批量梯度下降和随机梯度下降之间。

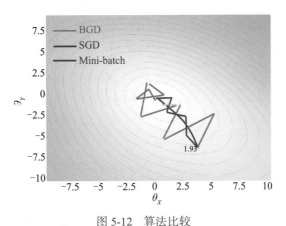

图 5-12 算法比较

5.1.2 使用 KNIME 优化模型

仍然使用泰坦尼克号的例子，使用上面讲过的算法知识优化模型。

1. 设置梯度下降算法

这里主要就是设置"Logistic Regression Learner"节点。双击该节点打开设置界面，如图 5-13 所示，"Select solver"可以选择不同的算法，我们一般使用"Stochastic average gradient"（随机平均梯度）选项，这个算法简单说来就是一种更稳定快速的随机梯度下降。

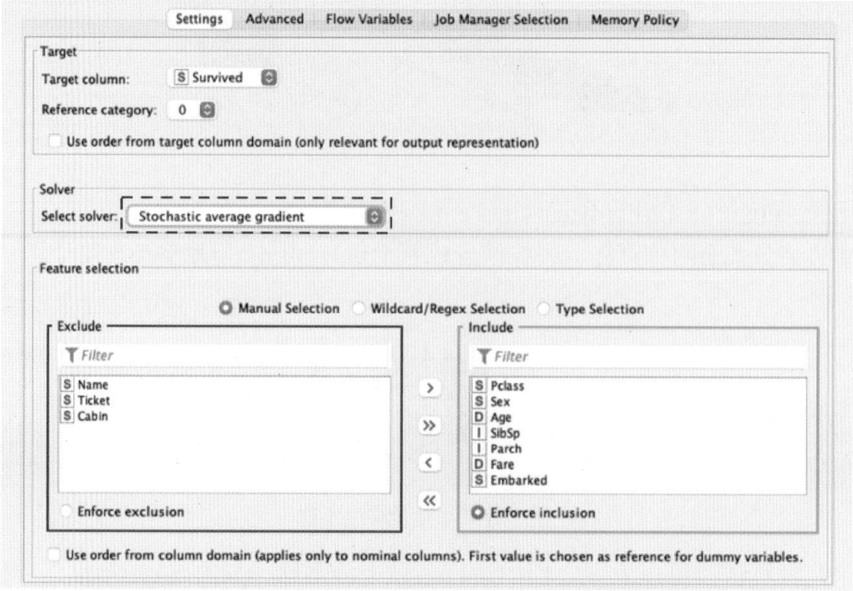

图 5-13 "Logistic Regression Learner" 节点设置（选择优化算法）

2. 设置结束标准

然后打开设置界面的"Advanced"（高级选项）标签，如图 5-14 所示，分别设置
"Maximal number of epochs"（最大迭代次数）为 100000 即运行周期数最大为 100000。
"Epsilon"保持默认数值。可以从"ROC Curve"和"Scorer"节点观察不同周期数对结果的
影响。我们可以发现，随着周期数的增加，模型的最后"ROC Curve"和"Scorer"节点给
出的结果变化好像没有什么规律。例如三次 ROC 结果分别为 0.78、0.64、0.73。这是为什么
呢？不是应该训练周期越多，梯度下降得越快吗？有可能出现梯度不下降的情况吗？

观察图 5-8，有没有发现什么线索？会不会是因为学习率的问题呢？

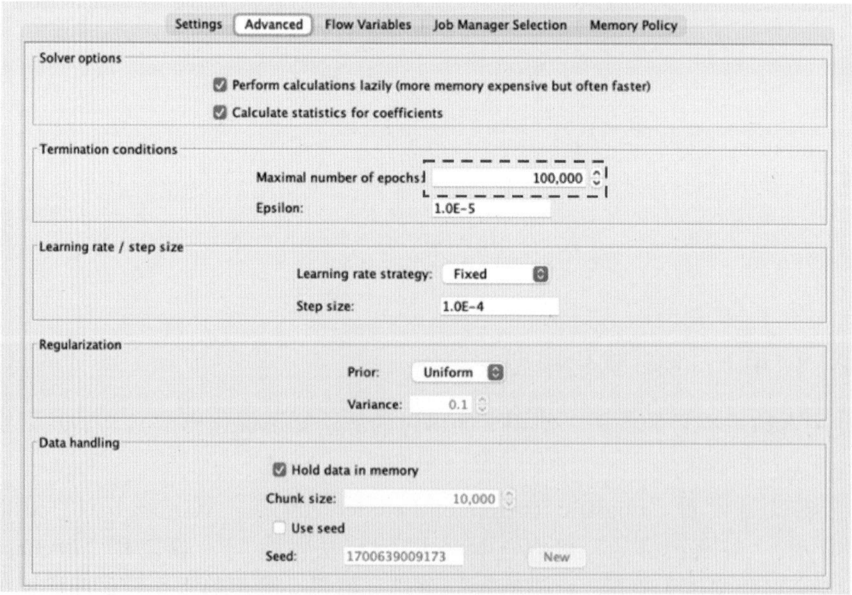

图 5-14 设置算法细节

3. 设置学习率

还是在 "Advanced" 标签，默认设置 "Learning rate strategy"（学习率策略）为 "Fixed"（固定方式），"Step size"（学习率）为 0.1。可以试试不同学习率，看看有什么影响。

因为上一步我们发现梯度没有严格下降，所以猜想可能是学习率设得太大了，如图 5-15 所示，降低学习率为 0.01、0.001 和 0.0001 再试试。

图 5-15　降低学习率

可以发现，除了最小的 0.0001，其他几个学习率都会产生 ROC 不升高的问题，所以初步判定学习率应设为 0.0001。这时，对应 ROC 分别为 0.84、0.85 和 0.85，到最后其实已经稳定了。

其他参数保持默认即可，有兴趣的读者可以自己查一查其他参数的含义。

5.2　正则化

正则化是防止模型过拟合的一个重要方法，这部分我们介绍一下正则化为什么有用以及如何使用正则化技术。

5.2.1　准确性和健壮性

前面已经介绍过如何判断模型的准确性，而健壮性又是什么呢？健壮性（Robust，旧的翻译是鲁棒性），它是指一个计算机系统在执行过程中处理错误、异常等情况时继续正常运行的能力。

5.2.2　复杂的模型

我们已经知道，线性回归的问题可以理解为 $\hat{y} = b + w_1 x_1 + \cdots + w_n x_n$ 的问题，逻辑回归可以理解为 $\hat{y} = \sigma(z) = \sigma(b + w_1 x_1 + \cdots + w_n x_n)$ 的问题。这两个模型都可以为了进一步提高预测能力，进行复杂化处理。下面仅仅以逻辑回归为例加以说明。

$\sigma(b + w_1 x_1 + \cdots + w_n x_n)$ 可以进一步提高方程阶数，比如提高成 $\sigma(b + w_1 x_1 + \cdots + w_n x_n + w_1 x_1^2 + \cdots + w_n x_n^2)$，甚至进一步复杂化变成 $\sigma(b + w_1 x_1 + \cdots + w_n x_n + w_1 x_1^2 + \cdots + w_n x_n^2 + w_{12} x_1 x_2 + \cdots + w_{1n} x_1 x_n + \cdots w_{23} x_2 x_3 + \cdots + w_{2n} x_2 x_n)$。到这里，可能很多读者已经被这么一长串公式吓坏了，没关系，你只要知道这个方程很复杂就可以了。当然这个方程还可以更复杂，复杂度越高越好吗？相信被吓坏的同学已经心中已经有了疑虑，看不懂的东西能信吗？

研究证明，简单的模型容易欠拟合，复杂的模型容易过拟合。为了提高模型质量，我们往往会倾向建立一个复杂的模型，却反而容易降低模型质量。这就好像在社会实践中，为了达到某一个目的，我们也更喜欢办事更容易一些。为此，北京建立 "接诉即办" 机制、浙江推进"最多跑一次"改革、安徽实现申领居民身份证"全省通办"、青海建设"爱老幸福食堂"……"我为群众办实事"实践活动在全国展开。这些都反复印证了那句话："人民对美好生活的向往，就是我们的奋斗目标。"[1]

5.2.3 欠拟合和过拟合

前面介绍过，过拟合就是模型完美地或者很好地拟合了数据集的某一部分，但是此模型很可能并不能用来预测数据集的其他部分。欠拟合恰好相反，模型拟合程度不高，数据距离拟合曲线较远，不能够很好地拟合数据。

1. 欠拟合的表现

如图 5-16 所示，左侧是任务数据图，右侧是其结果映射。假设我们的任务是将左图的红点和蓝点分开，正确判断红点为目标，模型能让左图中的红点映射到右侧靶心是最好的。左图中红色和蓝色区域分界的白线就是判定边界。可以发现，判定边界右侧的所有点都映射在了靶心中，而左侧所有点都远离了靶心。但是在判定边界两边都有大量误判的点，对于我们关心的红点来说，左侧大量的红点偏离中心，会导致模型产生比较高的偏差。在这个例子中，训练数据的预测结果偏差很大，所以欠拟合也叫高偏差（High Bias）。

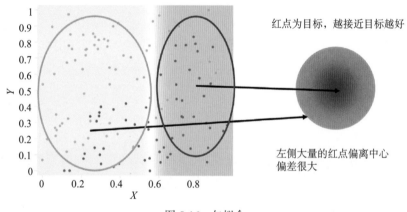

图 5-16 欠拟合

同时可以注意到，这个例子中左图的点在相当大的范围内变化，都不会改变它在右边结果图中的映射位置，这说明模型对数据变化不敏感，比较健壮。

2. 过拟合的表现

目标和上面的欠拟合的例子一样，从图 5-17 中我们可以看到，判定边界变得十分复杂。对应在右侧图上来看，左侧绿色圆圈内的点可能会对应到右侧映射区域的很大范围，结果导致数据的微小变化，引起模型预测结果巨大的不同，模型不够健壮。这说明数据的方差很大，所以过拟合，也叫高方差。

---

① 学习强国，"我们是人民的勤务员"

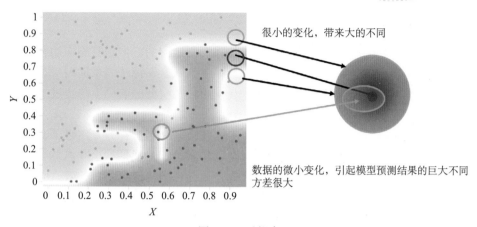

图 5-17　过拟合

3. 从损失函数上看欠拟合和过拟合

从图 5-18 所示的损失函数上可以很容易看出来，欠拟合就是模型太简单或者训练不足，训练数据的损失函数没有下降到足够小。过拟合就是模型太复杂或者训练过分了，虽然训练数据的损失函数很小，但其他数据的损失函数却升高了。

4. 欠拟合、过拟合与模型复杂度

随着模型参数的增大，模型变得越来越复杂，模型也会慢慢得由欠拟合变为合适，进一步变为过拟合。模型简单的时候，各类数据的损失函数都比较大，随着模型变复杂，各类数据的损失函数下降，如图 5-19 所示。但是一旦模型过于复杂，虽然训练数据的损失函数还会下降，但是其他数据的损失函数却会上升。

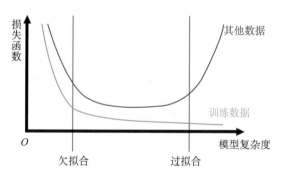

图 5-18　从损失函数上看过拟合和欠拟合

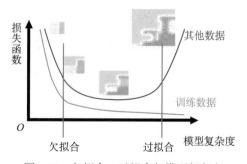

图 5-19　欠拟合、过拟合与模型复杂度

5.2.4　正则化防止过拟合

模型的复杂度上升会让模型能力更强，这是我们所希望的。但是其副作用就是会导致过拟合。如果为了防止过拟合就放弃复杂模型，其结果就像是倒掉洗澡水的时候把婴儿一起倒掉了。那怎么办呢？我们可以使用正则化技术在使用复杂模型的前提下防止过拟合。

再回过头来看下这个吓人的公式：$\sigma\left(b+w_1x_1+\cdots+w_nx_n+w_1x_1^2+\cdots+w_nx_n^2+w_{12}x_1x_2+\cdots+w_{1n}x_1x_n+\cdots w_{23}x_2x_3+\cdots+w_{2n}x_2x_n\right)$，这个公式比较可怕，万一哪一部分出错了，可能会出很大问题。那如果此公式每一部分影响都不太大呢？也就是能不能把这个吓人的公式的各个权重降低呢？就像把狼驯化为狗，那我们可以使用什么办法驯化这个吓人的公式吗？

正则化方法可以帮助我们完成这个任务。

逻辑回归的损失函数 $L=-\left[y\log\hat{y}+(1-y)\log(1-\hat{y})\right]$，如果将损失函数改写为

$$L=-\left[y\log\hat{y}+(1-y)\log(1-\hat{y})\right]+\lambda\sum w^2$$

其中 λ 是正则化参数。因为模型优化的目标是降低损失函数，如果 λ 很大的话，为了尽可能地降低损失函数，就会尽可能地降低 w。这样一来，因为系数降低了，所以每一个特征（包括低阶和高阶）的影响都降低了，相当于把不受约束的力量加了锁，将狼驯化成了狗。

5.2.5　使用 KNIME 设置正则化

在图 5-20 中，观察"Regularization"（正则化）设置，当前设置是"Uniform"，也就是没有正则化设置。其他两个是高斯（Gauss）和拉普拉斯（Laplace）正则化。这两个正则化具体如何工作我们不需要知道，不过基本思想就是前面介绍过的思想。在现在这个模型中，因为我们并没有加入什么高阶参数，所以可以放心地选择"Uniform"，也就是不需要设置正则化参数。

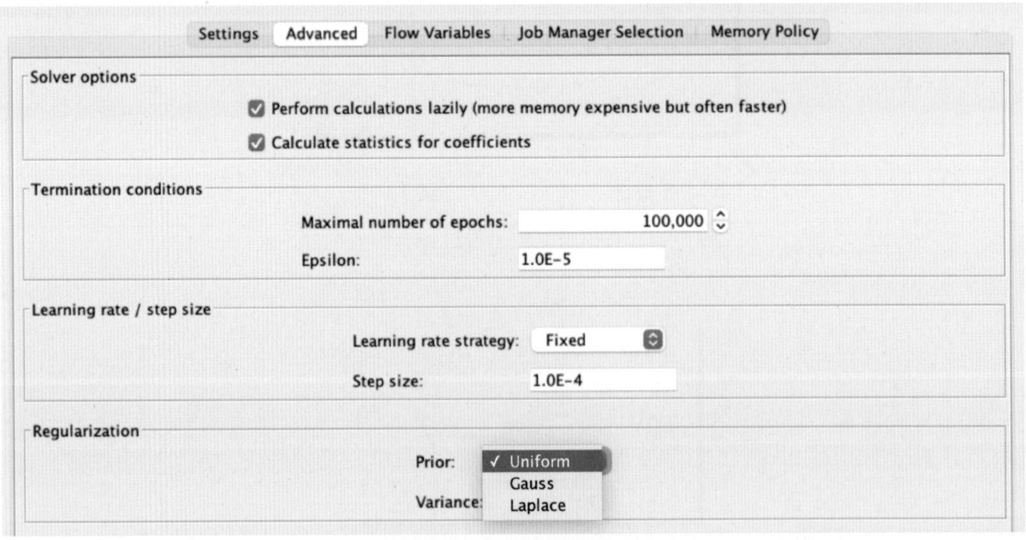

图 5-20　正则化参数设置

不过是否使用正则化及正则化参数的设置问题，涉及到大量经验和尝试，所以这里建议

大家试试其他两种正则化方法，看看能不能带来更好的结果。在作者的尝试中，发现使用两种正则化技术都会使模型效果略微提高。

5.3　模型评价

5.3.1　混淆矩阵

首先熟悉这几个问题：
- TP = True Positive = 真阳性
- FP = False Positive = 假阳性
- FN = False Negative = 假阴性
- TN = True Negative = 真阴性

混淆矩阵（Confusion Matrix）就像图 5-21 所示这样，列方向是预测值，行方向是真实值。预测值为 1 的话，就是阳性（Positive），预测值为 0 的话，就是阴性（Negative）。如果预测与真实值相同就是真（True），不同就是假（False）。举例来说，真阳性就是预测为真，而且实际也是真。假阳性就是虽然预测为真，但是实际为假。

下面以产品检测为例，设置产品有问题为阳性 Positive，则
- TP = 检测出了问题，实际真的有问题，真的要整改了。
- FP = 检测出了问题，实际没有问题，虚惊一场。
- FN = 检测没有问题，实际有问题，潜伏风险。
- TN = 检测没有问题，实际真的没有问题，皆大欢喜。

模型如果越好，TP 和 TN 就应该越大，其他应该越小。如果以混淆矩阵为目标的话，那么就应该尽量增大 TP 和 TN。

接着我们熟悉几个和混淆矩阵密切相关的常用术语。

图 5-21　混淆矩阵

1. 准确度

准确度就是计算正确的数据相对于全部数据比例有多大，计算公式为

$$准确度(\text{Accuracy}) = \frac{\text{TP} + \text{TN}}{\text{ALL}}$$

TP 为检测出了问题，实际真的有问题的数据；TN 为检测没有问题，实际真的没有问题的数据；则 TP+TN 为判断正确的数据，ALL 为全部判断的数据。

如图 5-22 所示准确度就是紫色区域与黄色区域的比值。

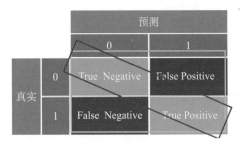

图 5-22　准确度

2. 精度

精度的计算公式为

$$精度(Precision) = \frac{TP}{TP + FP}$$

精度要解决的问题是，所有认为有问题的产品，有多少比例是真的有问题呢？

如图 5-23 所示，精度就是紫色区域与黄色区域的比值。

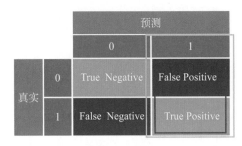

图 5-23　精度

3. 召回

召回，又称敏感性，计算公式为

$$召回(Recall) = \frac{TP}{TP + FN} = Sensitivity = TPR$$

召回就是真阳性率，可以理解为正例样本的敏感性，就是那些出了问题的产品，有多少比例能够真的被召回，返厂维修。

如图 5-24 所示，召回就是紫色区域与黄色区域的比值。

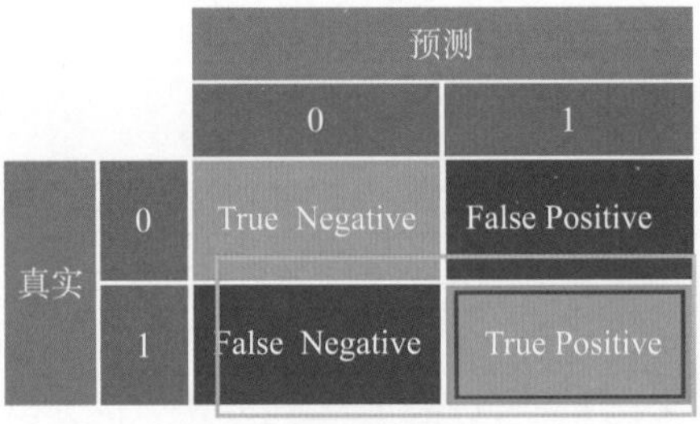

图 5-24　召回

4.特异度

特异度的计算公式为

$$特异度(Specificity)=\frac{TN}{TN+FP}$$

特异度就是真阴性率，又可以理解为负例样本的敏感性，就是那些真的没有问题的产品，有多少比例认为也没有问题。

如图 5-25 所示，特异度就是紫色区域与黄色区域的比值。

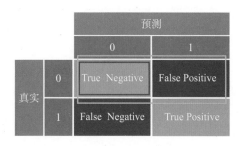

图 5-25 特异度

5.假阳性率

假阳性率的计算公式为

$$假阳性率(FPR)=\frac{FP}{TN+FP}=1-Sepcificity$$

假阳性率就是那些真的没有问题的产品，有多少比例认为有问题。

如图 5-26 所示，假阳性率就是紫色区域与黄色区域的比值。

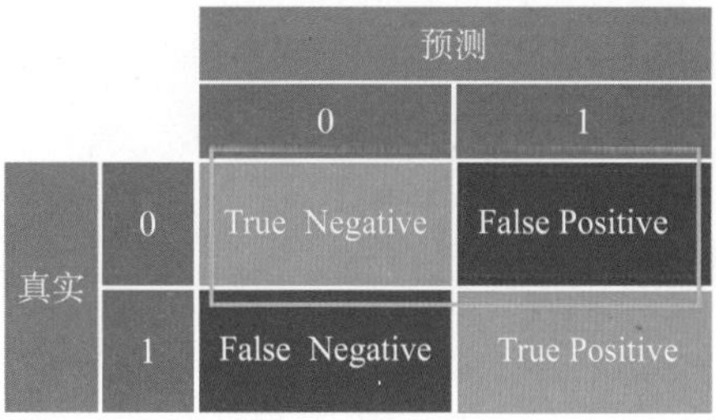

图 5-26 假阳性率

5.3.2 F1 分数

我们往往想要同时提高精度和召回，但是这样很难，一般需要进行权衡。我们可以调整判定边界的位置来调整精度和召回。如图 5-27 所示的是泰坦尼克号问题的简单处理，紫色斜线是判定边界，边界右侧是预测死亡，左侧是预测生存。

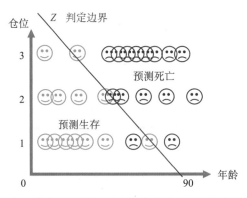

图 5-27　泰坦尼克号问题的简单处理（调整判定边界）

设想将判定边界向左侧移动，将会导致边界左侧预测和实际都是生存例子，提高了精度。但是这会导致边界右侧出现大量实际生存，却预测死亡的例子，降低了召回。类似情况，设想将判定边界向右侧移动，将会导致边界左侧包含了所有实际生存的人，显然提高了召回。但是这会导致边界左侧出现大量实际死亡，却预测生存的例子，显然降低了精度。

这里的精度表示所有预测活下来的人，有多少比例真的活下来了。召回表示所有活下来的人，有多少比例真的被发现了。

那我们应该怎样评价模型好坏呢？这个时候我们就要引入 F1 分数，它是精度和召回的调和平均值：

$$\frac{1}{\text{F1}} = \frac{1}{2}\left(\frac{1}{\text{Precision}} + \frac{1}{\text{Recall}}\right)$$

在模型训练与比较的时候，可以采用 F1 分数作为判断模型好坏的一个标准。

可以参考图 5-28 来理解 F1 分数。可以将召回和精度想象成两个电阻，接着将这两个电阻并联，F1 分数就是这个并联电阻阻值的两倍。

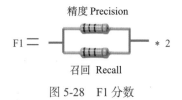

图 5-28　F1 分数

5.3.3　ROC 曲线和 AUC

还有一套评价标准为 ROC 曲线。ROC 曲线（Receiver Operating Characteristics，接收者操作特征曲线）是一种显示分类模型在所有分类阈值下的效果的图表，X 轴为 FPR，Y 轴为 TPR。其比较可以通过计算曲线下的面积来完成。曲线下面积 AUC（Area Under the Curve）表示"ROC 曲线下面积"。

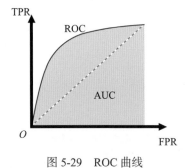

图 5-29　ROC 曲线

ROC 曲线首先是由"二战"中的电子工程师和雷达工程师发明的，用来侦测战场上的敌军载具（飞机、船舰等），技术人员要分辨雷达上的那个点是真的敌机还是仅仅是一个噪声点。之后很快就被引入了心理学来进行信号的知觉检测。数十年来，ROC 分析被用于医学、无线电、生物学、犯罪心理学领域中，而且最近在机器学习领域也得到了很好的发展。

假设模型预测数据的概率密度分布（曲线下面积之和为 1）如图 5-30 所示。

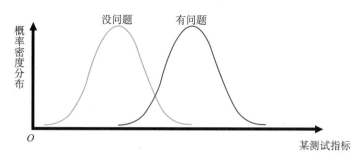

图 5-30　模型预测数据的概率密度分布

为了分辨到底有没有问题，需要如图 5-31 所示画出一条分界线作为阈值，其左侧认为没问题，右侧认为有问题。从图上可以看出 TN、FN、TP、FP 的范围。之前在产品检验例子中，我们将 TP 叫作召回 [在雷达分析中，显然叫作敏感度（Sensitivity）更合适]。

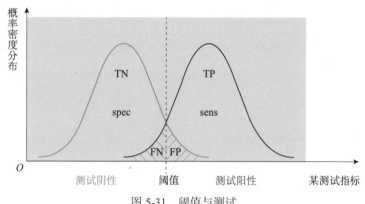

图 5-31　阈值与测试

现在尝试将阈值线左移，将导致 区域 TP（sens）增大，区域 TN（spec）减小。右移的话将导致 区域 TP（sens）减小，区域 TN（spec）增大。也就是说，sens 和 spec 二者中一个增大，另一个就会减小，二者关系如图 5-32 所示。

如图 5-33 所示，将图 5-32 变换一个表现形式，就成了常见的 ROC 曲线。

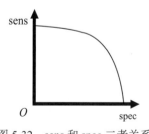

图 5-32　sens 和 spec 二者关系

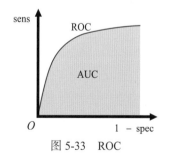

图 5-33　ROC

如图 5-34 所示，ROC 下的面积 AUC 越接近于 1，模型越好。AUC 大于 0.9 的话，说明 TP 和 TN 分得很开，这就是一个很好的分类器。如果完全没办法分开，那么就只能靠猜了，这个时候 AUC 等于 0.5。

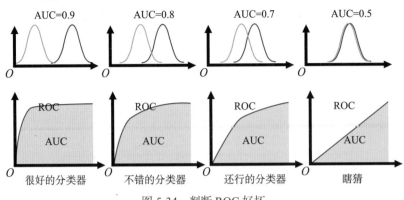

图 5-34　判断 ROC 好坏

例如，图 5-35 所示，人体的血液蛋白浓度是呈正态分布的连续变量，病人的血液蛋白浓度分布是红色的曲线，平均值为 A (g/dL)，健康人的血液蛋白浓度分布是绿色的曲线，平均值是 C(g/dL)。健康检查时会测量血液样本中的某种蛋白质浓度，达到或大于某个值 B（阈值，threshold）诊断为有疾病征兆。研究者可以调整阈值的高低（将图中的 B 垂直线往左或右移动），便会得出不同的假阳性率与真阳性率，总之即得出不同的预测准确率。

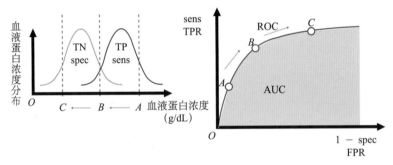

图 5-35　血液测试

5.4　课后练习

1. 简述学习率的作用。
2. 欠拟合和过拟合相比哪个更容易发生？为什么？

第6章

支持向量机

"橘生淮南则为橘，生于淮北则为枳。"在中国版图中，淮河与秦岭一道，构成了中国地理上的南北方分界线。①

——央视新闻

本章知识点

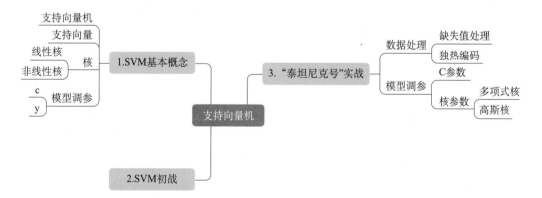

---

① 学习强国，鉴往知来，跟着总书记学历史 | 新时代抗御灾害 要这样"斗"下去。

在《三体》第三部的开篇中，刘慈欣描述了一个平民女子在高维空间对三维空间进行划分的故事，她表示"那些（封闭的）地方，对我来说……都是打开的。"这个思路，在某种程度上与支持向量机有异曲同工之妙。在前面知识和技能基础上，这一章我们一起学习支持向量机，并掌握如何使用 KNIME 进行支持向量机的项目。

6.1 支持向量机基本概念

6.1.1 支持向量机是什么

支持向量机（Support Vector Machine，SVM）是分类与回归分析中一种算法。给定一组训练样本，每个训练样本被标记为属于两个类别中的一个或另一个，支持向量机创建一个将新的样本分配给两个类别之一的模型，使其成为非概率二元线性分类器。除了进行线性分类之外，支持向量机还可以使用"核"技巧有效地进行非线性分类，将其输入隐式地映射到高维特征空间中。

对于支持向量机来说，数据点被视为 n 维向量，而我们想知道是否可以用 $n-1$ 维超平面来分开这些点。这就是所谓的线性分类器。在三维空间中，$n=3$，则 $n-1=2$，所谓的超平面就是我们熟知的平面。类似在二维空间中，超平面其实是一条线。

分类的时候，很多情况下不止有一种方法可以将数据分类，如图 6-1（a）所示，几条直线都可以将不同数据分类。支持向量机就会找到一个最佳超平面，如图 6-1（b）所示，使其将数据分类，并且两类数据之间的距离尽可能得大。或者更通俗地说，找一条马路作为分界线，马路越宽越好。

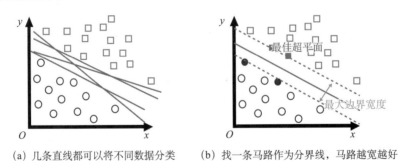

(a) 几条直线都可以将不同数据分类　　(b) 找一条马路作为分界线，马路越宽越好

图 6-1　支持向量机分类示意图

6.1.2 支持向量是什么

支持向量是接近超平面并影响超平面的位置和方向的数据点。但是点怎么就成向量了呢？如图 6-2 所示，因为每个点都可以看作是从原点出发指向此点的一个向量。支持向量机算法使用这些支持向量作为支撑点，使边界尽可能宽。

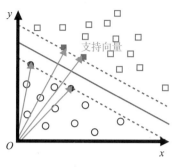

图 6-2　什么是支持向量

6.1.3　逻辑回归与支持向量机的比较

我们仅从损失函数角度了解逻辑回归与支持向量机对数据的敏感程度的区别。其中，支持向量机使用 Hinge loss 而逻辑回归使用 Logistic loss，如图 6-3 所示。

这里没有考虑正则化影响。关于正则化的相关知识见后面分析。

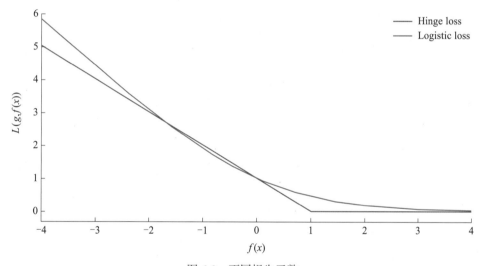

图 6-3　不同损失函数

观察二者的损失函数，我们可以注意到以下 4 点：

● Hinge loss 没有 Logistic loss 下降得快。也就是说，Logistic loss 对于异常值会有更大的惩罚，导致逻辑回归对异常点的容忍程度相对较低。

● 不管哪个损失函数，即使分类对了，在边界附近的值也会受到惩罚，这导致二者都会要求能够更好地分类，从而使各个值能够尽可能地远离边界。

● 即使一个值被确信地分类了，也就是它离得边界很远，Logistic loss 也不会变为零。这导致逻辑回归要求所有点都能够进一步远离边界。

● 如果一个值被比较好地分类了，也就是它离边界比较远，Hinge loss 立即变为 0。这导致支持向量机并不在乎较远的点到底在哪，它只在意边界附近的点（支持向量）。在意边界附近的点是因为根据第二点，即使支持向量划分正确，Hinge loss 也不为 0。这导致支持向量机想要将支持向量推离边界，直到 Hinge loss 为 0。

这里的异常值（Outlier）是指样本中的个别值，其数值明显偏离其余的观测值。

而且，支持向量机给出的结果就是 1 或 0，逻辑回归给出的是概率值。换句话说，逻辑回归没有给出绝对的预测，它没有帮你做决定，需要你根据概率自己去决定结果应该是 1 还是 0。而支持向量机直接帮我们做出了决定。

6.1.4 核

1.为什么使用核

前面的例子中，我们通过一条直线就可以做到比较好的分类，但是如果要分类的问题是如图 6-4 所示的呢？

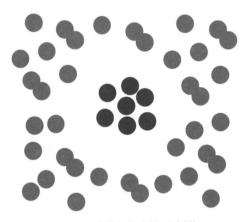

图 6-4　非线性问题怎么划分

想一想

● 我们没办法用一条直线将二者进行分类。遇到这种情况怎么办呢？可以回想本章开始《三体》中的描述。

如图 6-5 所示，如果能将中间的红点提起来，是不是就可以使用一个平面作为分界面来分类了呢？答案显然是可以的。

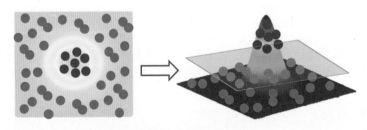

图 6-5　将低维平面映射到高维空间

但是怎么提起来这些点呢？这个时候就需要"核"了。最常用的比如高斯函数作为核

（Radial Basis Function kernel，RBF kernel），如图 6-6 所示。

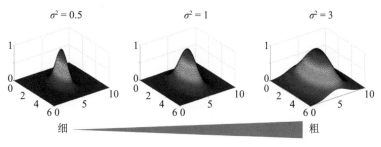

图 6-6 高斯核

2. 什么是核

简单来说，使用核将数据转换为另一个维度，该维度使数据类别之间具有更明确的划分边界。其实就是将在 $n-1$ 空间中不能线性分离的数据在 n 维空间中线性分离。

使用核函数（比如这里的高斯函数）将原始二维数据变换到三维空间，就能将原始数据中想要提起来的部分提起来，从而使用平面（准确地说是超平面）将数据线性分类。

图 6-6 中的 σ^2 代表高斯函数的方差，方差越大，高斯函数就越"粗"。可以想象，高斯函数越"细"，提起来的点就越少，但是能更精确地控制提起来哪些点。高斯函数越"粗"，提起来的点就越多，但是却只能更模糊地确定提起来哪些点。

前面叙述的没有使用核技巧的支持向量机，也经常叫作线性核。

6.1.5 线性核模型调参

支持向量机的模型出现了更多的超参数需要我们自己调节。为了调试出更好的模型，我们需要更深入地理解支持向量机的原理。

首先从最简单的线性核的线性分类入手。

以二维平面为例，利用一条直线就能将数据分为两类。比如一个线性分类器为

$$f(x) = wx + b$$

如图 6-7 所示，判定边界为 $f(x) = 0$，将两边数据可以很好地分类。将数据归一化，然后规定 $f(x) \geqslant 1$ 为一类，$f(x) \leqslant -1$ 为另一类。两条平行线 $f(x) = 1$ 与 $f(x) = -1$ 之间的距离为支持向量机的边界宽度，即

$$\text{Margin} = \frac{2}{\|w\|}$$

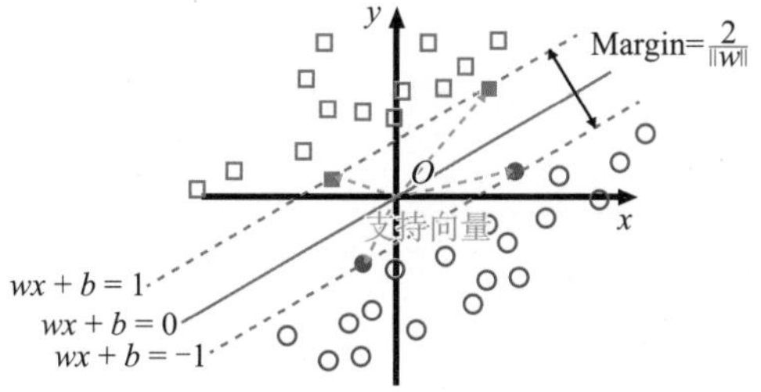

图 6-7 边界宽度

支持向量机想要让边界尽量宽，也就是要使 $\mathrm{Margin} = \dfrac{2}{\|w\|}$ 尽量大，或者说要让 $\|w\|^2$ 尽量小。但是也要求不要有什么错误发生，也就是分类尽量要做对，即 Hinge Loss 尽量小。结合这两个要求，支持向量机正则化的损失函数可以写作

$$\|w\|^2 + C(\text{Hinge Loss})$$

其中，C 是一个正则化参数且 $C \geqslant 0$。支持向量机就是要最小化这个损失函数。其中 $\|w\|^2$ 表示奖励宽的边界，越宽越好。而 $C(\text{Hinge Loss})$ 表示惩罚错误，错误越少越好。但是可以想象，边界更宽，必然带来的错误也越多，这个矛盾怎么解决呢？我们一般通过设置 C 来权衡利弊：

- C 值小的话，损失函数受到 Hinge Loss 的影响小，也就是对错误的惩罚小，或者说对错误的容忍大，模型不那么严厉，从而使边界可以更宽。C 如果等于 0，那 Hinge Loss 就完全没有影响了，对错误无惩罚。
- C 值大的话，损失函数受到 Hinge Loss 的影响大，也就是对错误的惩罚大，或者说对错误的容忍小，模型更加严厉，从而要求边界更窄。C 如果等于 $+\infty$，那么只要 Hinge Loss 不为 0，损失函数就无穷大，对错误零容忍。

综上所述，C 可以理解为模型的训练严厉程度。

6.1.6 非线性核模型调参

1. 模型的严厉程度

在非线性情况下，也就是使用核技巧的时候，模型的严厉程度会有什么表现呢？

首先需要明确，不管有没有核，损失函数总体上均采用如下形式，即想让边界更宽而错误更少：

$$\|w\|^2 + C(\text{Hinge Loss})$$

下面仅仅以 RBF 为例加以说明。

在非线性情况下，C 的作用和线性模型时的一样，从分类结果上来看，可能会看到如图 6-8 所示的情况。

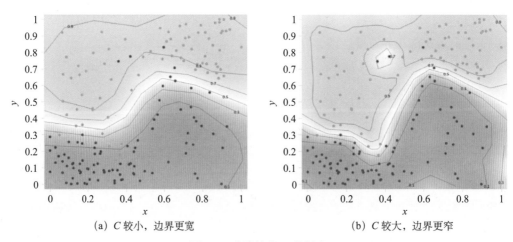

(a) C 较小，边界更宽　　　　　　(b) C 较大，边界更窄

图 6-8　非线性核 C 的影响

C 数值太大会导致训练过于严厉，为了少出错导致区分红蓝两种颜色数据点的边界线弯弯曲曲，容易产生过拟合。但是 C 数值 太小也会导致训练数据分类错误过多的问题，所以需要我们找到一个合适的 C 来保证模型工作在理想的状态。

2. 数据的胆怯程度

再看看在使用核技巧的情况下，支持向量机的数据有多"胆怯"，也就是远离边界的点会不会"不敢"参与到分类中。

结合高斯函数的图形，我们可以发现方差越大，高斯函数就越"粗"，峰顶的点影响范围越大。方差越小，高斯函数就越"细"，峰顶的点影响范围越小。如果以山脚为判定边界，那就是说方差越大，离判定边界越远的点影响就越大。这个影响范围，我们通过一个参数 gamma 或者 γ 来表示。对于高斯函数来说，γ 反比于其方差。我们可以通过设置 γ 来权衡单个数据的影响范围：

- γ 小的话，山峰更平坦，离判定边界远的点也有影响，会更加积极地扩大势力范围。这种情况下，就要综合考虑近的和远的点的影响，因为它们都想离得边界远一些，而近的点划分是否正确并不是考虑的首要因素。

- γ 大的话，山峰更尖，只有离判定边界近的点才会有影响，远处的点不具备影响力，远处的点更加"胆怯"而不愿意参与到划分中。这种情况下，就要尽可能使边界附近的点划分正确，而不太考虑远处的点的影响，从而导致边界更加弯弯曲曲。

从结果上来看，可能会看到类似图 6-9 所示的情况。从图上可以看出，当 γ 较小时，每一个点都不那么"胆怯"，都会积极扩张范围，它们的势力范围都更大；当遇到争端时，哪一边人多势众就哪一边赢。当 γ 较大时，每一个点都比较"胆怯"，不敢扩张范围，当遇到争端时，离谁近就谁赢。

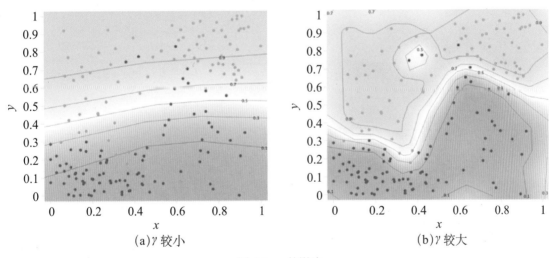

(a)γ 较小　　　　　　　　　　　　　(b)γ 较大

图 6-9　γ 的影响

γ 大导致边界线弯弯曲曲，容易产生过拟合。但是 γ 太小也会导致训练数据分类存在错误过多的问题，所以需要我们找到一个合适的 γ 来保证模型工作在理想的状态。γ 可以理解为数据的胆怯程度。

6.1.7　C 与 γ

从表现上看，两者较小都会导致边界"更直"，较大则都会导致边界"弯曲"，但是其背后的原因是不同的。举个例子，想象每个数据都是一个人，模型是一种规矩，C 表示规矩严厉程度，γ 表示每个人有多胆怯，则判定边界就是根据规矩来判断是否犯错的准则。

调参是一项考验算法理解和实践经验的技术，需要大量的实践，这个基本道理在各行各业都是一样的。习近平总书记说过，"许多从战争年代走来的老一辈革命家也都是在实践中成长为经济、科技、外交等领域的行家里手的。'学所以益才也，砺所以致刃也。'有同志经过一番实践历练后说了一句话，越干越会干、越干越能干、越干越想干。当然，同样是实践，是不是真正上心用心，是不是善于总结思考，收获大小、提高快慢是不一样的。如果忙忙碌碌，只是机械做事，陷入事务主义，是很难提高认识和工作水平的。"[①]

想一想

● 将 C 与 γ 拟人化，你能找到什么生活中的例子来理解 C 与 γ？

6.2　SVM 初战

使用乳腺癌诊断数据（Wisconsin Breast Cancer.csv）和已经有的 KNIME 知识，挑战一下自己。

6.2.1　问题说明

这个数据集使用细胞核数字化图像的特征，包括半径、纹理等信息。其目的是诊断肿瘤性质（diagnosis，M = 恶性，B = 良性）

6.2.2　建立工作流

根据已有知识建立如图 6-10 所示工作流。这个工作流其实还是按照线性回归和逻辑回归的工作流思路建立的，首先使用"CSV Reader"节点读取数据，然后使用数据观察节点查看数据，划分数据集，接着进行模型训练、测试，最后查看模型结果评分。

下面我们简要看一看每一步的工作。

---

① 学习强国，习近平：努力成为可堪大用能担重任的栋梁之才。

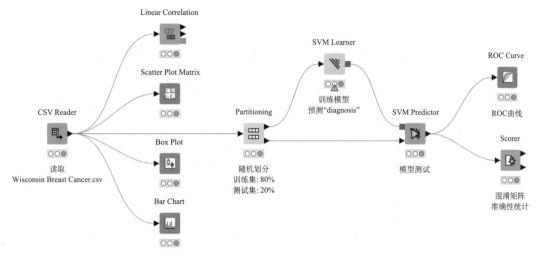

图 6-10　KNIME工作流

6.2.3　数据观察

1. 散点图

首先通过散点图矩阵大致看下各个数据的关系。单击"Scatter Matrix"节点，再单击"Configure"功能按钮，在打开的界面中观察各个特征之间的关系，如图 6-11 所示。可以选择更多其他特征，看看能发现什么吗？

SVM–数据观察

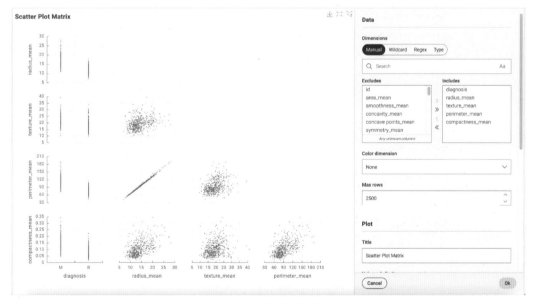

图 6-11　散点图矩阵

2. 线性相关性

单击"Linear Correlation"节点，再单击"Configure"功能按钮，选择列，排除 id 列，如图 6-12 所示。然后执行节点，单击"Open view"（查看）功能按钮，在打开的界面中观察相关性矩阵，如图 6-13 所示。这里要注意的是，目标"diagnosis"是用字母 B 和 M 表示的，所以 KNIME 无法知道它和特征的关系，导致没有相关性数值。

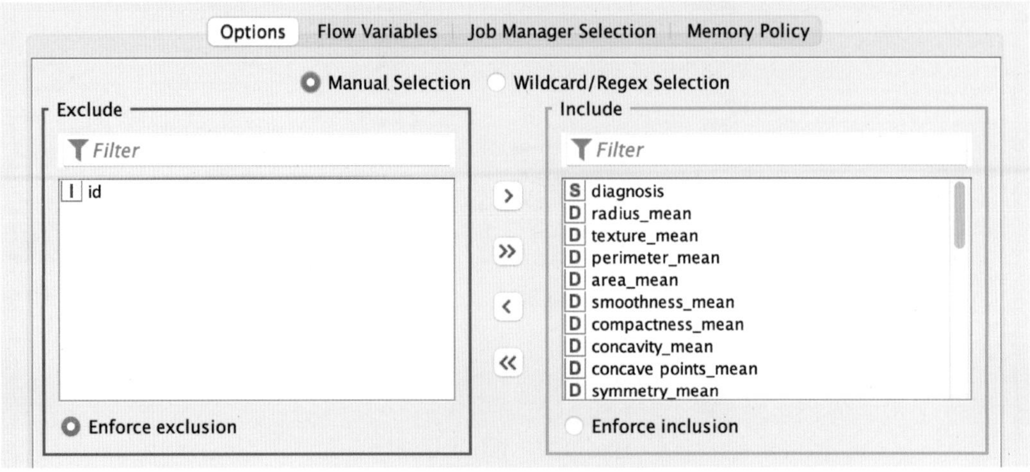

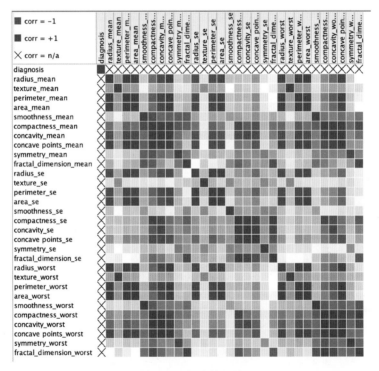

图 6-12　选择线性相关性分析列

图 6-13　相关性矩阵

3. 箱线图

单击"Box Plot"节点，再单击"Configure"（配置）功能按钮。如图 6-14 所示，设置"Condition column"（条件列）为目标"diagnosis"，这样将会以目标为条件划分数据，从而画图。可以在"Includes"（包含列）中选择一个或者多个自己想要观察的特征。单击配置界面左侧的"Save & execute"（保存并执行）按钮，观察箱线图绘制结果。可以发现，我们选择的特征"radius_mean"和"texure_mean"在不同肿瘤情况下数据分布有较大不同。

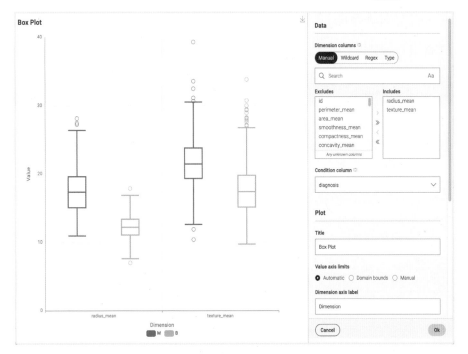

图 6-14 箱线图设置及查看

4. 条形图

双击"Bar Chart"节点进行配置,与条件箱线图类似,设置"Category dimension"(分类列)为目标"diagnosis",在"Aggregation"(聚合方法)中设置为"Average"(平均值)方法,选择"radius_mean"为观察对象,如图 6-15 所示,可以看出此特征在不同肿瘤情况下数据的平均值有较大不同。

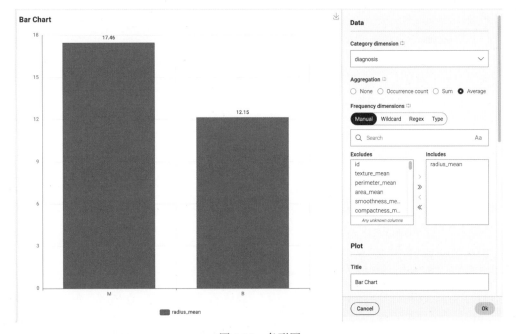

图 6-15 条形图

6.2.4　模型训练与测试

双击"SVM Learner"节点，这里按图 6-16 所示直接选择默认设置即可。

接着双击"SVM Predictor"节点，在打开的界面中勾选"Append columns with normalized class distribution"（使用标准化的类分布追加列）选项（见图 6-17）即可。

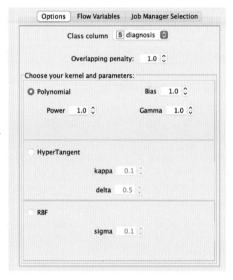

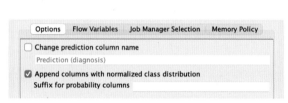

图 6-16　模型设置　　　　　图 6-17　"SVM Predictor"节点设置

6.2.5　观察结果

我们可以通过"ROC Curve"节点和"Scorer"节点观察结果，节点设置如图 6-18 及图 6-19 所示。

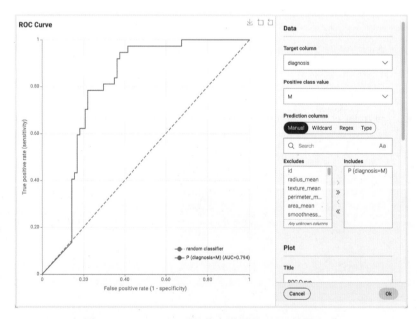

图 6-18　"ROC Curve"节点设置及 ROC 结果查看

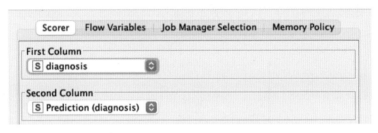

图 6-19　"Scorer"节点设置

如图 6-18 和图 6-20 所示，分别从 ROC 曲线及混淆矩阵结果看，我们的模型还是可以的。

File	Hilite	
diagnosis ...	M	B
M	25	20
B	1	68

Correct classified: 93	Wrong classified: 21
Accuracy: 81.579%	Error: 18.421%
Cohen's kappa (κ): 0.584%	

图 6-20　混淆矩阵结果

这部分中，我们简单地使用在线性回归和逻辑回归的知识与技巧，就完成了一个支持向量机的问题。

试一试

● 尝试调节超参数得到更好的模型。

6.3　支持向量机解决泰坦尼克号问题

6.3.1　归一化

归一化对于支持向量机至关重要。由前面所述可见，支持向量机是基于数据的几何分布而分类的。以二维平面为例，如图 6-21 所示，如果 X 方向可变范围很大，而 Y 方向可变范围很小，则将会导致边界距离主要由 Y 分量决定，X 分量不起太大作用。因为 Y 的微小变化就相当于 X 很大范围的变化，模型对 Y 极为敏感。这就需要使用第 3 章介绍过的归一化技术了。

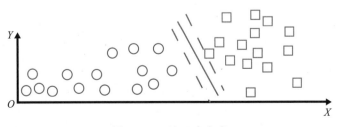

图 6-21　X 比 Y 大太多

归一化后，如图 6-22 所示，X 和 Y 大小相近。一般来说，归一化提高了梯度下降算法寻找最优解的速度。

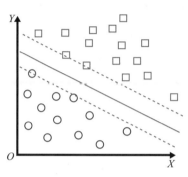

图 6-22　归一化后 X 与 Y 大小相近

6.3.2　核函数

从应用角度来看核函数，注意以下几点：

- 支持向量机有不同的核函数可以选择，一般来说可以先尝试使用线性核，因为它计算速度更快。
- 如果线性核不能满足要求，那么就考虑使用非线性核。
- 高斯核给出的结果不会比线性核差。
- 如果特征很多，那就没有太大必要采用非线性核，它不一定能给出更好的效果。

6.3.3　建立工作流

使用前面学习过的 KNIME 知识，建立一个使用支持向量机的工作流应该不是什么难事，其工作流如图 6-23 所示。

泰坦尼克号–
建立工作流

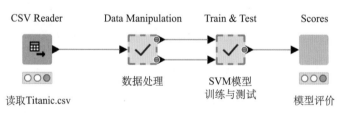

图 6-23　建立工作流

1. 数据处理

模型训练之前首先做一下数据处理。类似前面在逻辑回归的工作流，如图 6-24 所示，数据经过类型转换，划分为训练集和测试集，然后分别经过同样的数据缺失值、归一化和独热编码处理过程，分别将输出结果提供下一步工作流。

这部分的大量内容前面都已经有过介绍，相同或相似的部分仅做简要说明。

1）数据类型转换

如逻辑回归中讲述，首先需要将 "Survived"（是否生存）转换为分类数据，在 KNIME 中就是转换为 String 类型数据，这一步操作通过 "Number To String" 节点完成。

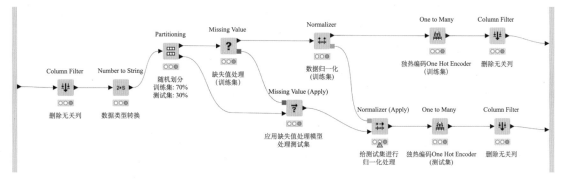

图 6-24　数据处理

2）数据缺失处理

如逻辑回归中讲述，这部分的工作由 "Missing Value" 节点完成。这部分在逻辑回归中留下了一个严重的小问题，当时留为作业希望大家处理，这里我们就直接给出答案。这里主要应用了 "Missing Value" 和 "Missing Value（Apply）" 节点。为什么不能仅仅使用 "Missing Value" 呢？其原因在于不可以使训练数据的任何信息**泄露**给测试数据。如果在分离训练数据和测试数据前使用 "Missing Value" 节点，相当于所有数据参与到了数据填充中，这样的话就是同时使用了未来的训练数据和测试数据，必然导致训练数据信息泄露到测试数据。所以我们必须仅仅**在训练数据中采用 "Missing Value" 节点**，然后将这个仅仅由训练数据得到的填充方法应用于其他数据，也就是使用 Missing Value（Apply）" 节点。

3）数据归一化

这部分内容前面已经介绍过，这里着重指出 **"Normalizer" 节点一定要使用训练数据**，然后将 "Normalizer（Apply）" 节点应用于其他节点。

4）独热编码（One Hot Encoder）

在逻辑回归中，我们使用了哑变量来处理分类数据，那个时候这个过程是 KNIME 自动帮助我们完成的，其实这个处理就是进行了独热编码。在 KNIME 的支持向量机模型中，模型不能自动生成哑变量，我们需要自己通过独热编码来生成哑变量。

独热编码简单来说就是有多少个状态就有多少比特，而且只有一个比特为 1，其他全为 0，通常用它来处理分类数据。比如性别的划分，有男人和女人，就可以分别编码为 01 和 10。

现在来看看使用 KNIME 怎么处理。双击 "One to Many" 节点，按如图 6-25 所示进行设置。

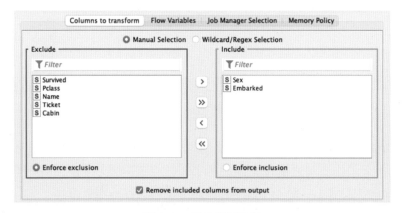

图 6-25　独热编码设置

这里选择"Sex"和"Embarked"进行转换，其他分类变量不处理，因为我们会将其他列过滤掉。而且需要选中"Remove included columns from output"（从输出结果中删除所选列）选项，将转换前的数据列删除。观察转换后的结果，如图 6-26 所示。

#	RowID	Survived	Pclass	Name	Age	SibSp	Parch	Ticket	Fare	Cabin	male	female	S	C	Q
1	Row0	0	3	Braund, Mr. Owen...	0.306	0.125	0	A/5 21171	0.014	G6	1	0	1	0	0
2	Row1	1	1	Cumings, Mrs. Jo...	0.532	0.125	0	PC 17599	0.139	C85	0	1	0	1	0
3	Row2	1	3	Heikkinen, Miss....	0.362	0	0	STON/O2. 31012...	0.015	G6	0	1	1	0	0
4	Row3	1	1	Futrelle, Mrs. Jac...	0.49	0.125	0	113803	0.104	C123	0	1	1	0	0
5	Row4	0	3	Allen, Mr. William	0.49	0	0	373450	0.016	G6	1	0	1	0	0
6	Row6	0	1	McCarthy, Mr. Ti...	0.759	0	0	17463	0.101	E46	1	0	1	0	0
7	Row8	1	3	Johnson, Mrs. Os...	0.377	0	0.333	347742	0.022	G6	0	1	1	0	0
8	Row9	1	2	Nasser, Mrs. Nich...	0.192	0.125	0	237736	0.059	G6	0	1	0	1	0
9	Row10	1	3	Sandstrom, Miss....	0.051	0.125	0.167	PP 9549	0.033	G6	0	1	1	0	0
10	Row12	0	3	Saundercock, Mr,...	0.277	0	0	A/5. 2151	0.016	G6	1	0	1	0	0
11	Row14	0	3	Vestrom, Miss. H...	0.192	0	0	350406	0.015	G6	0	1	1	0	0
12	Row18	0	3	Vander Planke, M...	0.433	0.125	0	345763	0.035	G6	0	1	1	0	0
13	Row19	1	3	Masselmani, Mrs...	0.406	0	0	2649	0.014	G6	0	1	0	1	0
14	Row20	0	2	Fynney, Mr. Jose...	0.49	0	0	239865	0.051	G6	1	0	1	0	0
15	Row21	1	2	Beesley, Mr. Lawr...	0.476	0	0	248698	0.025	D56	1	0	1	0	0
16	Row22	1	3	McGowan, Miss....	0.207	0	0	330923	0.016	G6	0	1	0	0	1

图 6-26　编码后的数据

可以发现，新数据表添加了几列：male、female 和 S、C、Q。而且观察每组数据的 1 的数目，是不是满足独热编码的要求？

看到这里，你是否感觉到这个结果很像前面介绍的哑变量？

在处理分类数据，比如职业、性别等信息时，并不能够定量处理，需要采取一定方法将其量化。这种"量化"通常是通过引入"哑变量"（Dummy Variable）来完成的。根据这些因素的属性类型，构造只取"0"或"1"的人工变量。

5) 过滤数据

数据处理最后一步，就是将不需要的数据列过滤掉。双击"Column Filter"节点进行设置，如图 6-27 所示。根据哑变量要求，如果某个特征转换可能取值个数为 n，则此特征对应的哑变量个数为 $n-1$。所以这里的性别只能选择一个，登船地点也要删除一个。

图 6-27　过滤多余哑变量

2. 训练与测试

这部分的工作流如图 6-28 所示。

可以发现这个工作流与之前逻辑回归的工作流仅有一点不同，即学习器从"Logistics Regression Learner"变成了"SVM Learner"。这个不同是容易理解的。

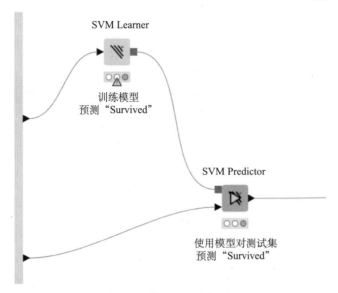

图 6-28 模型的训练与测试

3. 模型评价

模型评价通过"Scores"组件实现，如图 6-29 所示。与之前的"Scores"组件不同的是，这里在"Scorer"节点的输出端增加了一个"Table View"节点，该节点可以让"Confusion matrix"（混淆矩阵）、"Accuracy statistic"（准确性统计）等表格像图一样在组件中显示出来。

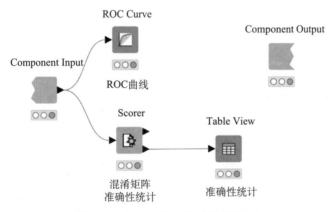

图 6-29 "Scores"组件（模型评价）

在第 5 章优化模型中，我们每次都是先在模型中修改参数，然后运行工作流，最后打开"Scores"组件查看"Scorer"节点的"Confusion matrix"（混淆矩阵）、"Accuracy statistic"（准确性统计），这个过程比较烦琐。为了简化流程，我们在"Scorer"节点的"Accuracy statistic"输出表中增加了一个"Table View"节点。这样我们调整模型参数后，只需执行"Scores"组件的"Open view"命令就可以查看模型的准确性等信息。

6.3.4 模型调参

1. C 参数

接下来最重要的，就是调参了，打开支持向量机节点的设置，可见如图 6-30 所示的界面。

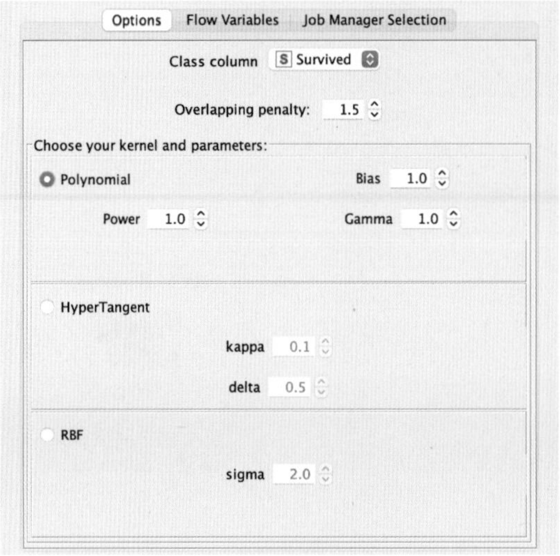

图 6-30　模型设置界面

KNIME 的 *C* 参数使用的是 "Overlapping penalty"，它代表模型的严厉程度，越大越严厉，导致边界窄且容易过拟合，这里我们将其设为 1.5。我们可以尝试 0.1、0.5、1、1.5 和 2，看看对结果有什么影响。从结果可以查看，精确度都在 0.77~0.79 之间。这里变更了 *C* 而结果没有什么变化，此说明在使用线性核的情况下，模型很难通过改变边界宽度来加以改善，我们需要考虑使用更复杂的核。

2. 多项式核

如图 6-31 所示，当幂（Power）大于 1 时该核就是多项式核。

图 6-31　设置多项式核

在 "Polynomial"（多项式）中设置：

● Power = 1 表示使用线性核，Power > 1 则表示使用非线性高阶多项式核。

● Bias 表示偏置。如果数据不是相对于 0 对称的话，使用偏置可将其对称。比如 [0,2] 使用偏置 -1，将其调整到 [-1,1]。

● Gamma 如前所述，就是数据的 "胆怯" 程度 γ，其值越大越 "胆怯"，导致数据势力范围越小而且容易过拟合。

如图 6-31 所示，这里尝试将 *C* 值保持为 1.5，"Power" 设为 2，通过结果查看精确度，变为了 0.801。为了防止过拟合的发生，这里暂时保持 "Power" 为 2，接着再调整 *C*。尝试将 *C* 设为 0.1、0.5、1、1.5、2、5，观察结果会有什么不同。通过运行几种模型，可以发现准确率分别为 0.80447、0.80006、0.79888、0.79333、0.79333、0.7912。从数据变化趋势可以发现，随着 *C* 值的增大，模型对训练数据要求过于严格，更容易导致过拟合。

下一步保持 C 值为 0.1，"Power" 为 2，试着将 "Gamma" 分别设为 0.1、0.5、1、1.5、2、3，则准确率分别为 0.803、0.813、0.818、0.817、0.816、0.815，即随着 Gamma 增大，模型的准确率从低到高，又从高到低，说明模型从欠拟合慢慢变得合适，接着又变得过拟合了。这里最终选择对应的精确度最高的 Gamma = 1。

类似方法可以调整 Bias，最后我们选择 Bias 为 1。

通过超参数调节，我们可以慢慢地建立起对模型的理解。接下来根据上面的分析思路和方法，我们继续优化高斯核。

3. 高斯核

高斯核即 RBF，设置参数只有 "sigma"，而 "sigma" 其实反比于 "Gamma"，如图 6-32 所示。这里不再赘述。此处选择 RBF，将 "sigma" 设置为几个不同的值，再看看对模型有什么影响。

图 6-32　高斯核设置

这里设置的参数肯定不是最优的，大家可以自己尝试调试，挑战一下泰坦尼克号项目的实战成绩。

模型评价这部分与逻辑回归完全一样，不再赘述。

想一想

问题分析到这里，有几个细节需要大家回顾一下。

第一个细节，在第 5 章 "欠拟合和过拟合" 部分，我们使用的 "训练数据" 和 "其他数据" 是 "测试数据" 吗？

第二个细节，在这一章中，我们一直使用测试数据同时优化 C、Gamma 等参数和模型其他参数，这样做好吗？

从第一个细节出发，即过拟合角度出发，想想第二个细节有没有问题。思考这个问题，我们将在下一章中进行分析。

6.4 课后练习

1. 简述支持向量机和逻辑回归的区别。
2. 简述核的作用。
3. 举一个独热编码的例子。

第7章

树类算法

三个臭皮匠顶个诸葛亮。

——民间谚语

本章知识点

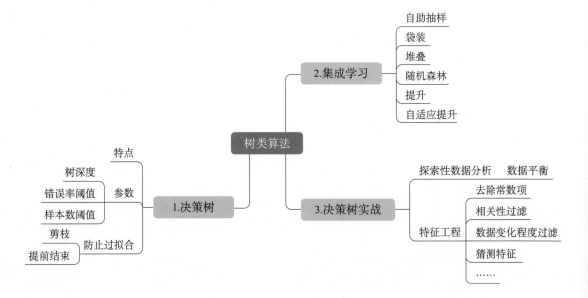

党的二十大报告起草坚持走群众路线，反映人民意愿，汇集各方智慧，充分解放思想，广泛凝聚共识，"在起草工作中要充分发扬民主，加强调查研究，广泛听取意见，集中起各方面智慧。"习近平总书记在党的二十大报告起草伊始就明确强调[①]。大量的树类算法，也是采用了类似的方法，在许多应用领域发挥了巨大的作用。树类算法的决策过程和普通人的决策过程很相似，所以很容易理解。例如我们常说"如果……，就……"，常常会集思广益，这是树类算法常用的手段。

7.1 决策树简介

根据任务的不同，决策树也称作分类树或回归树。叶子节点给出分类，内部节点代表某个特征，分支代表某个决策规则。构建决策树时通常采用自上而下的方法，在每一步选择一个最好的属性来分裂。"最好"的定义是使得子节点中的训练集尽量得纯。不同的算法使用不同的指标来定义"最好"。

7.1.1 决策树的特点

与其他算法相比，决策树有许多优点：
- 易于理解和解释。
- 数据不需要进行归一化等处理。
- 易于可视化。

以我们熟悉的泰坦尼克号生存问题为例，其决策树如图 7-1 所示。

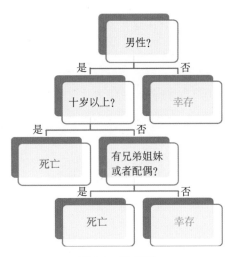

图 7-1 决策树

相信没有任何决策树知识的读者也能看出来这张图的意思吧。我们可以轻易地读出来：如果此人不是男性，则生存；是男性的话，如果十岁以上则可以判断死亡，否则……一图胜千言，这张图已经充分说明了以上三个优点了。当然，决策树也有一些缺点，如容易过拟合等。

---

① 学习强国，推动中华民族伟大复兴号巨轮乘风破浪、扬帆远航——党的二十大报告诞生记。

7.1.2 防止过拟合

过拟合就像纸上谈兵。赵括从年轻的时候起就学习兵法，谈论用兵打仗的事，认为天下没有人能够抵挡他。跟他的父亲赵国大将赵奢议论用兵打仗的事，赵奢不能驳倒他。后来赵括当了赵国主将与秦国对峙，中了秦将白起诱兵之计，导致粮道断绝，士卒的士气大乱，最终几十万士兵被秦军活埋。用机器学习的术语来说，就是赵括过拟合了兵书，而无法在实际战争中有良好表现。这个故事也说明过拟合危害很大。

而欠拟合就像让一个小孩子带兵打仗，人人都知道不行，也就不会这么做了，所以一般不会有什么大的危害。

想一想

你还能想到其他生活中与过拟合类似的例子吗？

决策树算法关键问题之一是最终树的最佳大小到底有多大。

- 树太小可能无法捕获有关样本空间的重要结构信息。比如熟知的泰坦尼克号生存预测问题，最简单地，我们可以认为只要是男人其预测就是死亡，否则就是存活。这个树很简单，只有两个树枝，但是这个树没有使用更多的特征来做预测，很难有足够的准确性。这个情况就会导致欠拟合。

- 树太大会考虑过多的细节，企图用很少几条数据总结出规律，却容易导致很难推广到新的数据，故容易导致过拟合。

下面主要讨论过拟合问题及怎么解决这个问题。

7.1.3 问题解析

假设我们要对如图 7-2 所示不同颜色的数据 C1、C2 做分类。

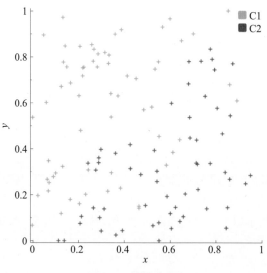

图 7-2　数据分布

其分类树的一种可能构造如图 7-3 所示。

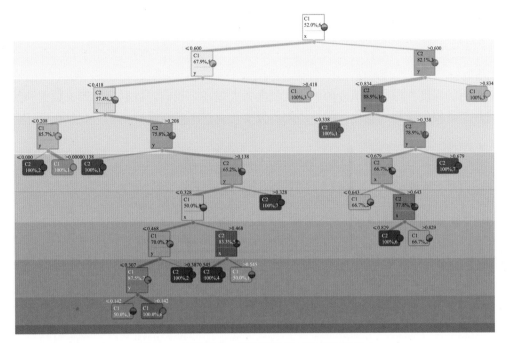

图 7-3　分类树的一种可能构造（决策树结构）

观察这棵树，问自己三个问题：

- 需要这么"深"的树吗？
- 随着节点深度增大，错误率下降得够快吗？
- 某些节点的样本数目会不会太少了？

这三个问题就带给我们两种解决办法：

- 出现问题之前要预防问题的发生。
- 出现问题之后要解决掉问题。

这两种解决办法为：

- 提前结束。
- 剪枝。

7.1.4　奥卡姆剃刀

这两种方法的共同特点是减少树的大小，其哲学基础都可以看作是奥卡姆剃刀。它是由 14 世纪英格兰的逻辑学家、圣方济各会修士奥卡姆的威廉（William of Occam，约 1285 年至 1349 年）提出的。这个原理称为"如无必要，勿增实体"，即"简单有效原理"。

7.1.5　提前结束

首先来看看提前结束，顾名思义，就是不要把树构建到最后一层，而是提前就结束构建。提前结束有三种方法：限制树的深度、根据错误率决定是否结束（错误率阈值）和根据节点中的数据量决定是否结束（样本数阈值）。

想一想

● 以上三个指标你认为该如何使用？

1. 限制树的深度

随着树的深度变深，过拟合的可能性就会大大提高。我们将数据分为训练数据和其他数据，观察二者损失函数的变化，可见损失函数变化。树深度与模型如图 7-4 所示。

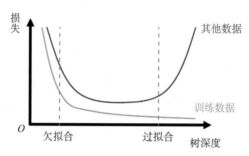

图 7-4　树深度与模型

可以发现，训练数据的损失函数会随着树的深度增加而逐渐降低，但是其他数据很可能会经历一个先降低又升高的过程。这个升高的过程就说明模型出现了过拟合的问题。

我们可以从判定边界角度看看这种过拟合的风险。如图 7-5 所示，可以发现，随着深度的增加，边界越来越复杂。当 $d=1$ 时，边界仅仅是一条线。但是当 $d=7$ 时，情况已经相当复杂，这个时候很可能已经过拟合了。

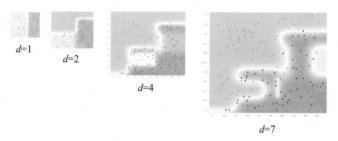

图 7-5　判定边界与模型复杂度

将数据分类的判定边界图与损失值变化图画在一起，其关系近似图 7-6 所示的样子。

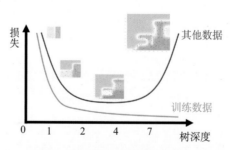

图 7-6　判定边界与损失函数

为了降低过拟合的风险，我们可以选择在合适的深度位置停止树的生长，最好的位置当然就是选在其他数据的损失值最小的位置了。如图 7-6 中，对应深度为 4 的情况。

2. 超参数

树深度等都是超参数，需要根据我们自己的经验来选择，大家仔细观察图 7-6，这里的"其他数据"是什么呢？能使用测试数据吗？

回顾测试数据的要求：**绝对禁止使用测试数据进行训练！**测试数据要对模型的整个训练学习过程保持完全的彻底的"无知"！而在这里，我们如果使用测试数据来选择最佳深度，那就是将训练内容偷偷地告诉了测试数据，我们"作弊"了！所以绝对不能使用测试数据！

这个时候就产生了一个严峻的问题，不能用训练数据，还不能用测试数据，那该怎么办？答案是我们需要验证数据集。比如说，我们可以将整个数据集随机划分为 60% 的训练集，20% 的验证集和 20% 的测试集（见图 7-7）。**训练集用来训练模型，验证集用来评估模型以寻找好的超参数，测试集用来测试模型。**

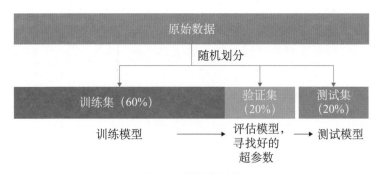

图 7-7　数据集划分

这样，模型训练就变成了如下步骤：

- 将数据集划分为训练集、验证集、测试集。
- 使用训练集调试超参数，训练模型。
- 使用验证集验证某组超参数能够达到满意的模型评价，确保不会对验证集出现过拟合。
- 使用测试集测试模型，确保不会出现过拟合等问题。

3. 错误率阈值

限制树的深度有一个问题，有的分支可能深一些好，有的分支可能浅一些好，而深度限制却简单地只给了一个深度限制。所以另外一个方法就是根据分类的错误率决定是否结束。如果错误率降低到小于阈值那就停止。

如图 7-8 所示，随着错误率的升高，模型的复杂度降低，如树的深度会降低，容易出现欠拟合。类似地，当错误率阈值很低时，很容易出现过拟合，也就是虽然训练集错误率很低但是验证集的错误率过高。当验证集的错误率最低时，可以认为模型的超参数应该处于这个范围内。

4. 样本数阈值

另一个极其重要的提前结束的方法是样本数阈值。数据分类到一定时候，数据量已经很少，不具备足够的代表性了，这个时候就结束树的生长。这个方法建议应强制加以应用，而且也是很多机器学习工具默认使用的。比如样本数已经小于 5 个了，这个时候这几个样本表现出来的区别有多大代表性呢？其实很值得怀疑。如图 7-9 所示，随着样本数阈值从低到高，模型从过拟合渐渐过渡到欠拟合。

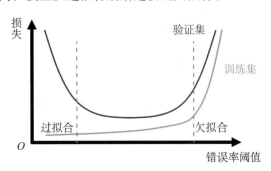

图 7-8　错误率阈值

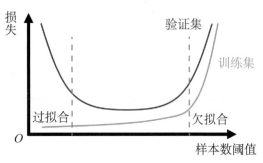

图 7-9　样本数阈值

5. 提前结束的优缺点

提前结束树的训练优点很明显，就是不需要完全展开所有数据，训练速度快。但是缺点也很明显，我们不知道什么时候应该结束，可能结束太早，导致欠拟合（过拟合的反面）。

你可能会想，怎么可能结束太早呢？从前面的图中可以很清楚地看出来，但是前面展示的图太理想了，真实的情况可能比图 7-10 所示还糟糕。

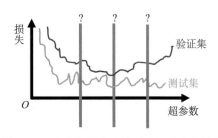

图 7-10　比真实损失函数还要好得多的情况

为了防止过于提前结束，我们可以用剪枝解决欠拟合问题。实际上，提前结束也叫预剪枝，一般说的剪枝也叫后剪枝。

6. 剪枝

剪枝（Pruning），顾名思义就是把细枝末节剪掉，防止模型陷入细节。其最基本的方法就是先将整个树长出来，然后根据错误率修剪掉不需要的枝叶如图 7-11 所示。

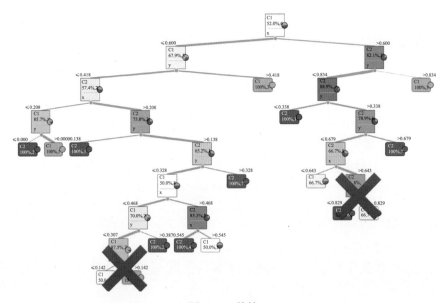

图 7-11　剪枝

剪枝删除树的细枝末节以减小决策树的大小，从而降低了最终分类器的复杂性，因此通过减少过拟合来提高预测精度。

　　这里介绍一种后剪枝技术。如果父节点的错误率比子节点小就剪掉子节点，也就是不能降低错误率的子节点那就不要了。

　　如图 7-12 所示，其中节点中红色数字代表此节点的错误率，蓝色节点代表如果此节点继续分叉，子节点的平均错误率是多少。先看根节点，它的错误率是 0.7，其子节点的平均错误率是 0.5，而且此节点的错误率大于分叉后的错误率，所以可以继续分叉。接着观察右侧旁支，其错误率也大于子节点的平均错误率，所以可以继续分叉。再来看看左侧旁支，这个节点分叉后，导致错误率上升，从本节点的 0.5 上升到了 0.7，所以这种情况下就不用再分叉了，需要将此节点的两个分支删除，也就是对其剪枝。

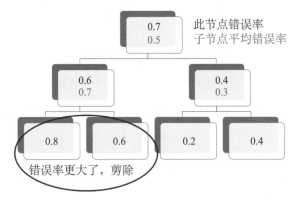

图 7-12　根据错误率判断

　　通过剪枝，可以有效防止过拟合问题，所以建议在模型训练的时候做剪枝操作。

7.1.6　集成学习

　　如果一个模型不能很好地分类或者回归，就是一个**弱学习器**，否则就是**强学习器**。模型简单了则可能欠拟合，复杂了又可能过拟合，怎么办？模型可以做到三个臭皮匠赛过诸葛亮吗？我们可以使用集成学习，它使用若干个弱学习器组成一个强学习器，试图达到三个臭皮匠赛过诸葛亮的效果。集成学习主要有四种方法：

- 袋装（Bagging，Bootstrap AGGregating）。
- 堆叠（Stacking）。
- 随机森林（Random Forest）。
- 提升（Boosting）。

以上算法都是基于决策树算法衍生出来的，都属于**集成学习**的方法。

1. 自助抽样

　　在理解集成学习各算法前，我们先了解一下什么是**自助抽样**（Bootstrap）。假设有一个盒子里面放了不同颜色的球，如图 7-13 所示，我们从里面随机拿出来 5 个球记录一下颜色又放回去，接着再从袋子里随机拿 5 个出来记录一下再放回去，如此反复，就是自助抽样。因此，自助抽样就是随机有放回的抽样。

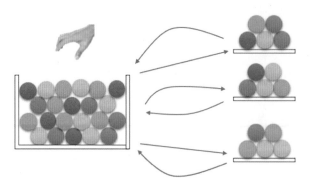

图 7-13　自助抽样示意图

2. 袋装

袋装就是从训练集中自助抽样出 n 个样本集，建立 n 个决策树模型，然后这几个模型投票决定结果（见图 7-14）。比如说客户流失分析模型，假设对数据进行了 3 次自助抽样，对应地使用了 3 个学习器构建了 3 个模型，各个模型分别对一条记录给出"流失"、"流失"、"不流失"的预测。根据少数服从多数的原则，最终分类结果为"流失"。投票方法是袋装常用方法之一，为了防止平局，最好采取奇数次抽样。

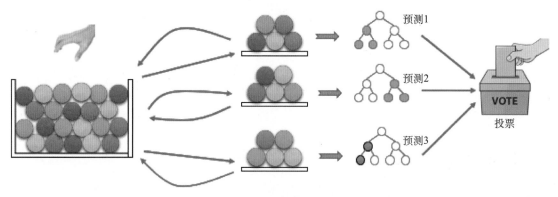

图 7-14　袋装使用投票方法

3. 堆叠

堆叠类似袋装，最大的不同就是投票阶段。在堆叠中，不是袋装那样简单的"谁多听谁的"，而是将各个模型的预测结果作为输入，通入到另一个"集成者"（就是任意一个可用的机器学习模型，比如逻辑回归模型），让它判断最后结果到底是什么（见图 7-15）。

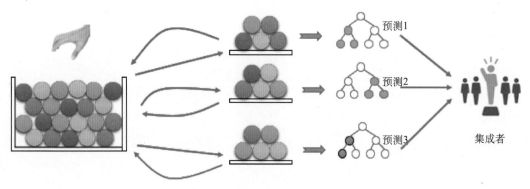

图 7-15　堆叠

4. 随机森林

随机森林类似袋装，但是它不仅对样本进行自助抽样，而且对特征也进行抽样，每次抽 m 个特征（m 一般为所有特征个数的平方根）。对特征抽样是为了防止特征之间的相关性对模型的影响。

比如小明征询朋友给他的租房建议，一个朋友可能会问小明个人爱好方面问题，另一个朋友可能会问他预算方面的问题，其他朋友又会问其他不同问题。基于单个人的回答，小明获得一条建议，这便是决策树算法。不同的朋友会问他不同的问题，并从中给出一些不同建议。最后，小明综合各个建议做决定，这便是随机森林算法。

想一想

● 有什么日常问题你会用类似决策树、随机森林或者堆叠的算法解决？

随机森林等方法就像是我国的民主集中制一样，是一个有机的整体系统。充分讨论、集思广益是民主集中制的主要方法，就像随机森林的各个学习器；集体领导是贯彻民主集中制的关键，类似堆叠的"集成者"等机制；最终目标都是过程的科学性，决定的正确性。

5. 提升

与袋装类似，提升算法的基本思想是把多个弱学习器集成为强学习器。不过与袋装不同，袋装的每一步都是独立抽样的，提升中每一次迭代则是基于前一次的数据进行修正的，提高前一次模型中分错样本在下次抽中的概率。就像一个学生将每次练习和考试的错题集成一个错题本，然后针对这个错题本进行学习。错题本做了一次之后，可能再次根据错误总结出一个新的错题本，接着再用新的错题本学习，不断提高成绩（见图 7-16）。

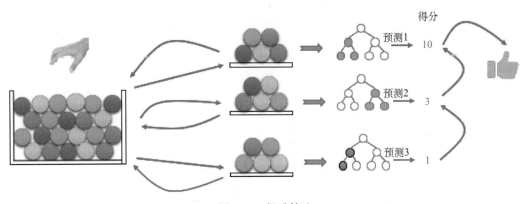

图 7-16　提升算法

比如小明征询朋友给他的租房建议，他基于每个人的回答再去问下一个朋友，每个朋友的问题和回答都基于前一个朋友的回答。最后，小明选择最后一个朋友的建议做决定，这便是提升算法。

提升算法中，只有最后一个学习器的输出才是最终结果，而之前的每一个学习器都有着"功成不必在我"的境界。

试一试

- 尝试在 KNIME 中使用以上算法。

6. 自适应提升

提升算法是数据分析中十分热门的算法，这里我们介绍一下提升算法中基础的一个算法 AdaBoosting（Adaptive Boosting），即自适应提升，其自适应在于：前一个学习器分错的样本会被用来训练下一个学习器。假设我们要对图 7-17 中的两种颜色的点进行分类。

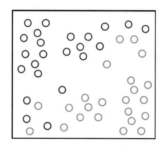

图 7-17 对两种颜色点分类

这个时候每一个数据的权重都一样，模型 f_1 简单地按图 7-18 所示做了分类。

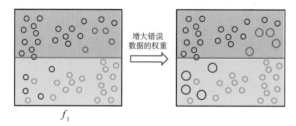

图 7-18 增大错误分类的权重

可以发现，这个简单的划分有大量的分类错误。接着算法增大错误数据的权重，图 7-18 中右图显示的就是增大了点的大小。由于模型 f_1 错误的数据权重增大了，所以模型 f_2 会更加注重将模型 f_1 分错的点分对，如图 7-19 所示。

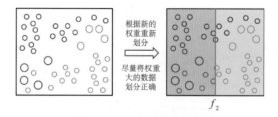

图 7-19 权重大的数据尽量划分对

根据模型的错误率给模型赋予权重，错误率低权重就高，错误率高权重就低，也就是算法更看重分类效果好的模型的预测结果。然后将模型的预测结果加权相加，就是最后自适应提升的结果。如图 7-20 所示，模型 f_1 有一个对应的权重 w_1，模型 f_2 有一个对应的权重 w_2，最终模型 f 可以理解为 $f=w_1 \times f_1+w_2 \times f_2$。这里，两个模型预测一致的区域被认为是确定没问题的，其他位置被认为是不确定的，可能需要继续提升。

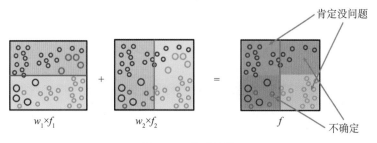

图 7-20 模型结果

通过增多弱学习器的数目，就可以提高最终模型的准确率。如图 7-21 所示，更多的模型一起努力，会得出一个强学习器。

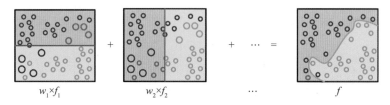

图 7-21 更多的模型得出更好的结果

想一想

● 你在平时工作生活中用到了自适应提升的思想吗？

7.2 使用决策树解决泰坦尼克号生存问题

大家自己试试使用决策树解决泰坦尼克号生存问题，需要注意的问题是验证集怎么使用 KNIME 来做。这里给出一个提示，如图 7-22 所示。

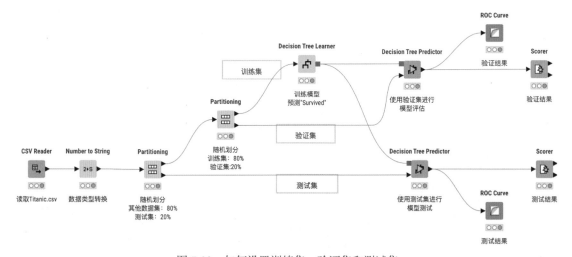

图 7-22 如何设置训练集、验证集和测试集

试一试

● 先不要看下面的内容，自己思考一下怎么建立整个工作流。

思考结束后，我们开始简单介绍一下这个工作流。一如既往地，我们的工作流还是图 7-23 所示这样。不管什么问题，这个工作流基本都是不会变的，我们需要变的只有里面的具体内容而已。

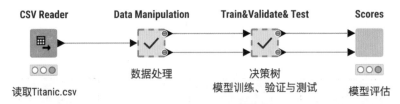

图 7-23 KNIME 工作流

首先，这个工作流不需要处理分类数据，因为决策树模型可以直接使用数值数据也可以直接使用分类数据，所以这里不需要使用"One to Many"节点，模型也没有转换哑变量。因此，数据处理 Metanode 内部如图 7-24 所示，其实这个就是逻辑回归模型使用的数据处理 Metanode。

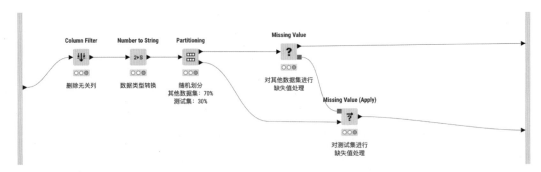

图 7-24 数据处理 Metanode 内部

其次，"Train & Validate & Test"Metanode 除了使用决策树模型以外，还对验证集进行了模型评估，这部分工作流如图 7-25 所示。

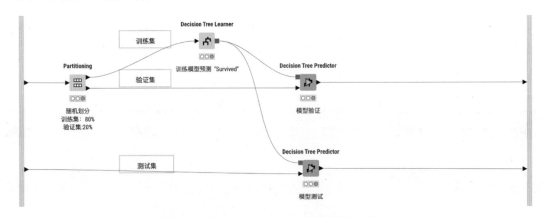

图 7-25 "Train&Validate & Test"部分工作流

注意：这里我们将数据划分为训练集、验证集和测试集。第一步将数据分为其他数据和测试集，第二步将其他数据划分为训练集和验证集。其中训练数据通入模型进行模型训练，接着将这个训练后的模型与验证集数据通入一个决策树预测器进行预测，然后由评价器给出模型评价，如果出现过拟合，则需要调整超参数。确定没有对验证集过拟合之后，再使用测试集测试模型，确保模型不出现诸如过拟合等问题。

模型评价我们统一放在了"Scores"组件中，同样由"ROC Curve"和"Scorer"节点组成，分别对验证集和测试集进行评价。

7.3　决策树高级应用实战 —— 特征工程

这是一个 Kaggle 中的一家银行客户分类问题竞赛。你将获得包含大量匿名数字变量的数据集。"TARGET"列表示要预测的变量，对于不满意的客户，它等于 1，对满意的客户，它等于 0。我们的任务是预测每个客户是不满意客户的概率。这个项目的数据可直接从 Kaggle 官网下载。

这个问题的难点在于不满意的人数相对其他人群很少，不知道数据特征的意义，还有大量的 0 的数据和大量相关特征，所以这个问题需要大量的特征工程。

对于我们初学者来说，可以采取简单的处理方法来解决：

只有零或者相同数值？删除！线性相关列？删除！几乎没有变化的列？删除！

最后我们使用介绍过的决策树技巧来优化模型。

这个项目的工作流如图 7-26 所示。在这个工作流中，我们首先进行探索性数据分析（Exploratory Data Analysis，EDA），然后解决特征工程（Feature Engineering）。由于特征工程工作量巨大，我们将特征工程单独建立一个 Metanode。数据划分后，分别通入决策树、随机森林、提升和袋装四个模块进行训练、测试和评价。

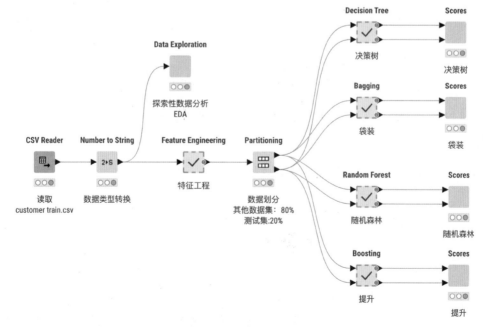

图 7-26　决策树工作流

7.3.1 探索性数据分析

在"CSV Reader"节点监察区可以发现：数据集由 76020 个样本、370 个特征加上 1 个二进制目标组成。整个数据集中没有缺失值，但是不能排除数据提供方已经将缺失数据进行了编码。

数据集是半匿名的，因此不清楚每个特征到底代表什么。我们唯一的线索就是一个特征名，这个特征名虽然不是随机的，但是也"半遮半掩"，需要我们猜测它到底是什么。比如前几个特征名是：ID、var3、var15 和 imp_ent_var16_ult1。除了敢肯定 ID 列是 ID 号，其他什么都不敢肯定。

在弄清楚各个特征的含义之前，先使用"Number To String"节点将"TARGET"列由数值类型转化为字符类型（见图 7-26）。接下来，我们要对数据进行探索性数据分析，如图 7-27 所示为探索性数据分析组件的组成节点。

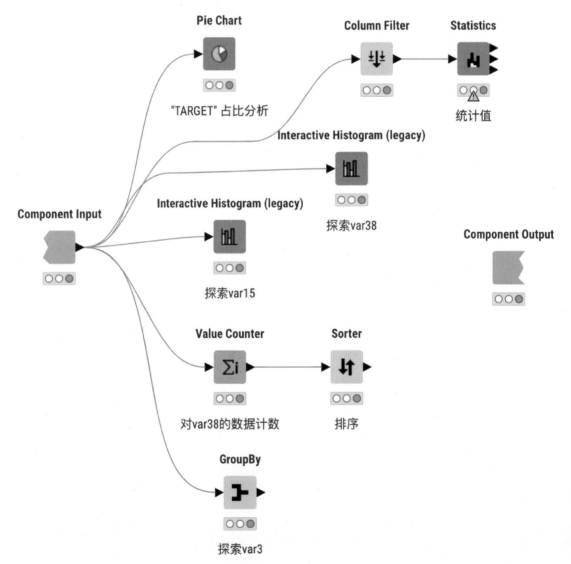

图 7-27 探索性数据分析组件的组成节点

1. 数据平衡性

"Pie Chart"节点按照如图 7-28 所示设置，探寻客户满意"TARGET"的占比。从扇形图中可以观察：0（客户没有不满意）占 96.04%，1（客户不满意）占 3.96%。这个数据集存在很大的不平衡，这个比例应该符合一家成功的银行客户满意度的预期。

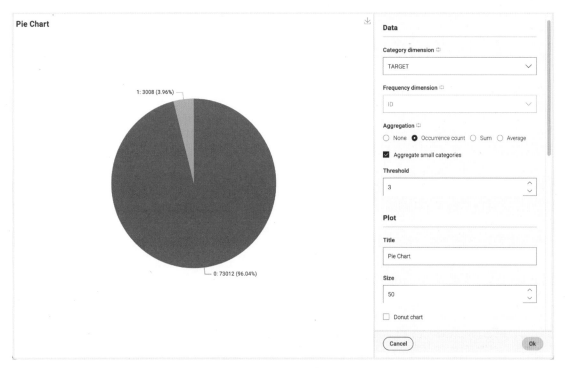

图 7-28　"TARGET"占比分析

2. 初步观察特征

在分析单个特征之前，我们先看看这些特征有没有什么共同特点。字符串特点如表 7-1 所示，所有特征名都是由表中的一个子字符串开头的。

表 7-1 字符串特点

子字符串	举例
delta	delta_imp_amort_var18_1y3
imp	imp_aport_var17_hace3
ind	ind_var1
num	num_var12
saldo	saldo_var28
var	var15

从比较好猜的开始。"delta"和"num"应该是最简单的，因为我们一般用这两个分别代表差值和数值。首先看下"num"，在主工作流中加入一个统计量节点"Statistics"，如图

7-29 所示查看"num"的统计数据分析，可以发现这一类数据相当大的部分都是 0，而且集中在 0 处。

				Numeric	Nominal	Top/bottom				
num_var1_0	0.0	0.0345	?	6	0.3204	9.235	84.0893	0	0	0
num_var1	0.0	0.0113	?	6	0.1846	16.3521	269.0159	0	0	0
num_var4	0.0	1.0794	?	7	0.9096	1.045	1.7403	0	0	0
num_var5_0	0.0	2.894	?	15	0.6565	-2.679	19.7782	0	0	0
num_var5	0.0	1.9992	?	15	1.4319	-0.6204	-1.3003	0	0	0

图 7-29 "num"的统计数据分布

从各个数值数据量排名来看，可以定量看出 0 占了相当大的比重，如图 7-30 所示。这类数据以整数形式存在，很有可能是某种分类数据。

	Numeric	Nominal	Top/bottom							
0	num_var26	num_var25_0	num_var25	num_op_var40_hace2	num_op_var40_hace3	num_op_var40_ult1	num_op_var40_ult3	num_op_var41_hace2	num_op_var41_hace3	num_op_var41_ult1	num_op_var41_ult3
0	No. missings: 0	No. missings: 0	No. missings: 0	No. missings: 0	No. missings: 0	No. missings: 0	No. missings: 0	No. missings: 0	No. missings: 0	No. missings: 0	No. missings: 0
0	Top 20: 0 : 74147 3 : 1574 6 : 240 9 : 42 12 : 12 15 : 2 33 : 1 21 : 1 27 : 1	Top 20: 0 : 74223 3 : 1525 6 : 216 9 : 40 12 : 11 15 : 2 33 : 1 21 : 1 27 : 1	Top 20: 0 : 74223 3 : 1525 6 : 216 9 : 40 12 : 11 15 : 2 33 : 1 21 : 1 27 : 1	Top 20: 0 : 75918 3 : 26 6 : 18 9 : 16 12 : 10 15 : 8 18 : 4 24 : 3 21 : 3 45 : 2 51 : 2 27 : 2 117 : 1 30 : 1 72 : 1 42 : 1 96 : 1 54 : 1 81 : 1	Top 20: 0 : 76013 3 : 3 6 : 2 9 : 1 48 : 1	Top 20: 0 : 75791 3 : 56 6 : 34 9 : 22 12 : 22 15 : 17 18 : 13 24 : 13 21 : 9 33 : 6 27 : 5 36 : 4 60 : 3 78 : 2 45 : 2 39 : 2 57 : 2 69 : 1 234 : 1	Top 20: 0 : 75772 3 : 48 6 : 39 12 : 27 9 : 865 15 : 467 18 : 13 21 : 12 18 : 9 30 : 8 33 : 8 42 : 6 27 : 5 36 : 5 45 : 5 54 : 3 39 : 3 69 : 2 75 : 2 60 : 2	Top 20: 0 : 67679 3 : 2617 6 : 1405 9 : 865 12 : 624 15 : 467 18 : 377 21 : 313 24 : 255 27 : 242 30 : 180 33 : 142 36 : 130 39 : 107 42 : 84 45 : 81 48 : 62 51 : 47 54 : 43 57 : 102	Top 20: 0 : 75044 3 : 491 6 : 206 9 : 107 12 : 55 15 : 36 18 : 19 30 : 10 24 : 8 27 : 6 33 : 6 39 : 3 48 : 2 60 : 1 81 : 1 36 : 1 57 : 1	Top 20: 0 : 64388 3 : 2929 6 : 1742 9 : 1090 12 : 811 15 : 733 18 : 619 21 : 503 24 : 400 27 : 365 30 : 315 33 : 272 36 : 214 39 : 204 42 : 162 45 : 157 48 : 146 51 : 120 54 : 112 57 : 102	Top 20: 0 : 62355 3 : 3024 6 : 1816 9 : 1237 12 : 896 15 : 745 18 : 638 21 : 550 24 : 447 27 : 408 30 : 346 33 : 324 36 : 282 39 : 273 42 : 253 48 : 196 45 : 175 51 : 155 54 : 154 57 : 151
0	Bottom 20:	Bottom 20:	Bottom 20:	Bottom 20:	Bottom 20:	Bottom 20: 135 : 1 75 : 1 81 : 1 66 : 1 42 : 1 63 : 1 105 : 1 168 : 1 171 : 1	Bottom 20: 63 : 2 351 : 1 180 : 1 129 : 1 84 : 1 66 : 1 51 : 1 177 : 1 90 : 1 264 : 1 48 : 1 57 : 1 87 : 1 171 : 1 189 : 1	Bottom 20: 93 : 2 99 : 8 96 : 7 102 : 6 87 : 6 114 : 4 129 : 3 120 : 2 108 : 2 117 : 2 123 : 1 156 : 1 201 : 1 162 : 1 153 : 1 249 : 1 165 : 1 144 : 1 186 : 1	Bottom 20: 66 : 1 69 : 1	Bottom 20: 129 : 2 210 : 2 159 : 2 186 : 2 156 : 2 162 : 2 147 : 2 174 : 1 141 : 1 213 : 1 171 : 1 144 : 1 177 : 1 192 : 1 240 : 1 168 : 1 204 : 1 270 : 1 216 : 1 468 : 1	Bottom 20: 306 : 2 267 : 2 363 : 1 258 : 1 291 : 1 225 : 1 318 : 1 279 : 1 288 : 1 276 : 1 231 : 1 249 : 1 252 : 1 312 : 1 399 : 1 321 : 1 219 : 1 270 : 1 240 : 1 468 : 1

图 7-30 "num"数据的数据量排名

再来看"delta"，采用类似方法可以发现它们也集中在某一个数值处，猜想可能是什么数据间的差值。

接着看看"imp"，也存在大量的 0，不过数据量很大，如图 7-31 所示。有人说"imp"对应西班牙语的"数量"，所以这部分数据可能和钱的多少或者其他数量有关系。

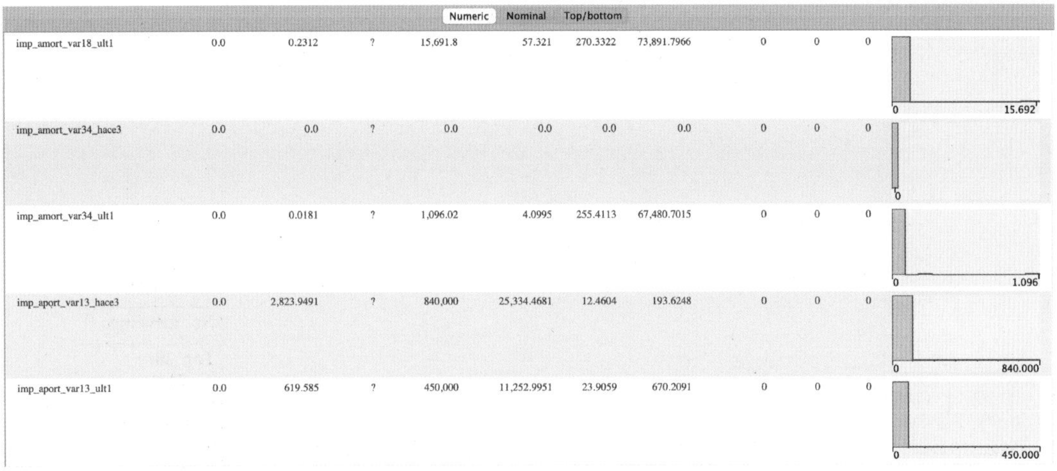

图 7-31 "imp"数据分布

下一步再看看"ind",它可能是英语"indicator"的缩写吗?如图 7-32 所示,观察此类数据的分布,发现其分布只有"0"和"1"两种,因此,可以判定它应该就是某个指标,即"indicator"。

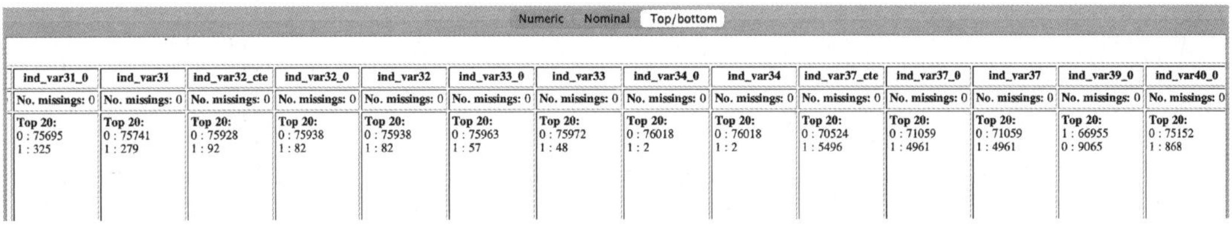

图 7-32 "ind"数据分布

再来看下"saldo",如图 7-33 所示,此类数据有点类似"imp",也存在大量的 0,但是数据量远大于"saldo",所以可以猜测此类数据应该也和某类钱的数值有关,而且量更大。

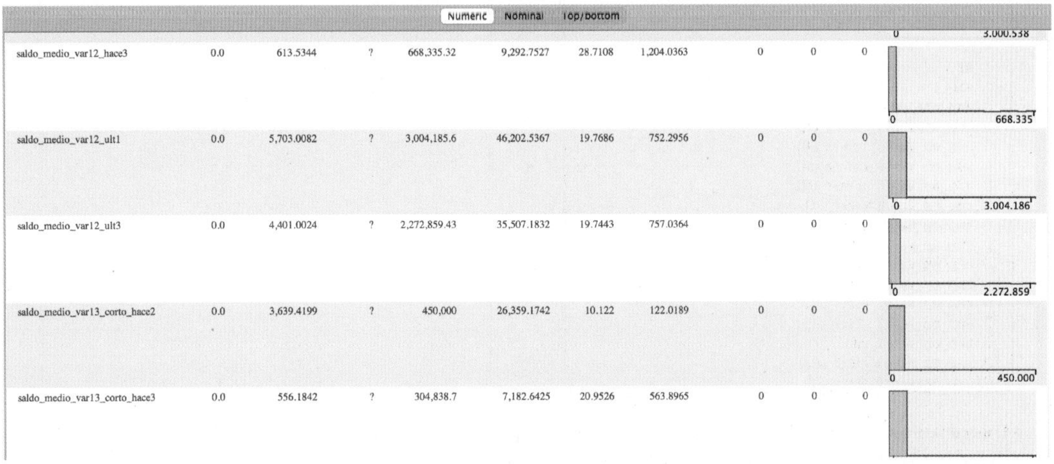

图 7-33 "saldo"数据分布

最后看看"var",如图 7-34 所示,这类数据好像没有什么很明显的共同特征,所以接下来我们逐个观察这几个特征。

				Numeric	Nominal	Top/bottom				
var3	-999,999	-1,523.1993	?	238	39,033.4624	-25.5416	650.3891	0	0	0
var15	5	33.2129	?	105	12.9565	1.5784	2.5199	0	0	0

图 7-34 "var" 数据分布

3. 前缀是"var"的特征探索

在主工作流中加入"Interactive Histogram (legacy)"节点和"GroupBy"节点以备使用。

观察"var3"，如图 7-35 所示，通过"Statistics"节点统计数据，大部分数据都是 2（统计学里称为众数），其他数据相对而言很少。

我们可以通过"GroupBy"节点查看一下一共有多少个不同的值，按照图 7-36 所示，设置此节点，运行后在该节点的监察区观察结果。如图 7-37 所示，一共有 208 个不同的值，这个数值接近世界上国家和地区的总数，所以分析认为这个数据很可能代表客户来自哪个国家或地区。

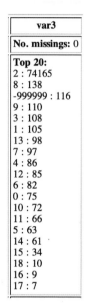

var3
No. missings: 0
Top 20:
2 : 74165
8 : 138
-999999 : 116
9 : 110
3 : 108
1 : 105
13 : 98
7 : 97
4 : 86
12 : 85
6 : 82
0 : 75
10 : 72
11 : 66
5 : 63
14 : 61
15 : 34
18 : 10
16 : 9
17 : 7

图 7-35 "var3"数据量排名

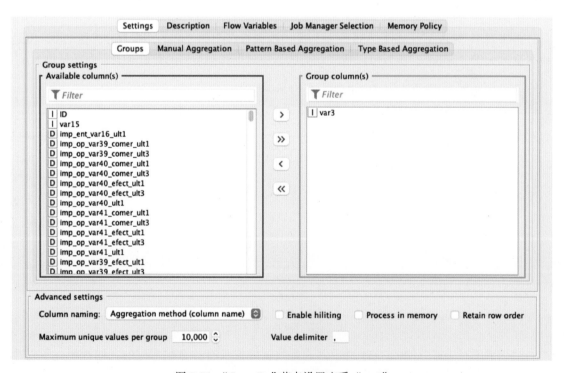

图 7-36 "GroupBy"节点设置查看"var3"

Rows: 208 | Columns: 1

#	RowID	var3 Number (integer)
203	Row202	225
204	Row203	228
205	Row204	229
206	Row205	231
207	Row206	235
208	Row207	238

图 7-37 "var3"不同值的个数

  假设这列表示国家或地区，那么 2 很可能代表美国，因为其人数最多。还有一个数据是 -999999，这个数据不像是正常数据，所以我们猜测它可能代表的是缺失值。

  接着分析一下"var15"，如图 7-38 所示，这列数据分布没有那么极端，暂时看不出效果来。接着我们绘制一下它的直方图。使用"Interactive Histogram (legacy)"节点，单击进入 Configure 配置功能，如图 7-39 所示，设置显示所有节点，然后单击"Open view"（打开查看）功能按钮，按照如图 7-40 所示进行设置和观察数据，可以发现从 18 开始，数据量突然上升到最大，然后缓慢下降，到 60 左右渐渐变得没有太多数据了。从 18 和 60 两个数据，我们大胆猜测这列数据应该表示年龄，一个人 18 岁开始工作，60 岁退休，所以 18 岁开始工作之后才开始和银行有接触，之前接触不多或几乎无接触。到了退休年龄，慢慢地也减少了和银行的来往，所以假设此列数据表示年龄还是说得过去的。

var15
No. missings: 0
Top 20: 23 : 20170 24 : 6232 25 : 4217 26 : 3270 27 : 2861 28 : 2173 31 : 1798 29 : 1727 30 : 1640 32 : 1592 36 : 1546 35 : 1536 34 : 1489 37 : 1401 38 : 1390 33 : 1377 39 : 1329 40 : 1310 41 : 1242 42 : 1199

图 7-38 "var15"数据量排名

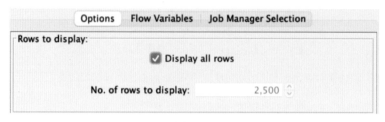

图 7-39　确保显示所有数据

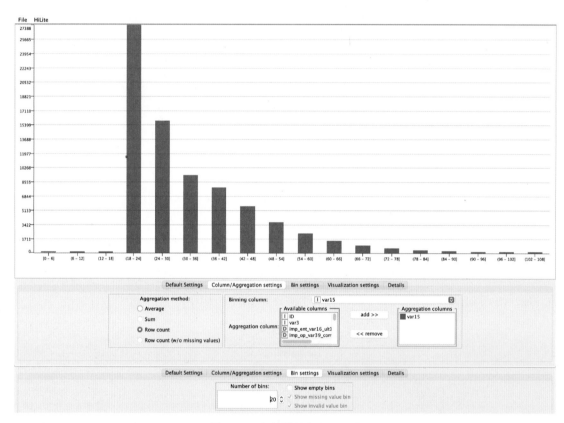

图 7-40　直方图观察"var15"

接下来看下"var21"和"var36"，通过类似观察，我们暂时不知道它们代表什么。

最后看看"var38"，回到"Statistics"节点，在"Statistics"节点配置中单独选择"var38"进行统计分析，得到如图 7-41 所示结果，发现数值在较小区间即 10 万附近分布较多。而且发现一个异常的峰值，仔细观察数据统计表，可以发现此数据平均值为 117235.8094。而此值正好处于如图 7-42 所示直方图的异常峰值区间。

			Numeric	Nominal	Top/bottom						
Column	Min	Mean	Median	Max	Std. Dev.	Skewness	Kurtosis	No. Missing	No. +∞	No. -∞	Histogram
var38	5,163.75	117,235.8094	?	22,034,738.76	182,664.5985	51.2745	4,219.8734	0	0	0	

5.164　　　　　22,034.739

图 7-41　"var38"平均值

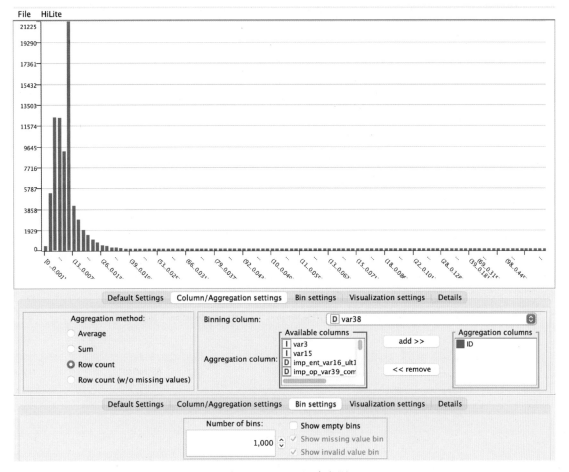

图 7-42 "var38" 直方图

　　为了更清楚地加以判断，主工作流中先后加入 "Value Counter" 和 "Sorter" 节点。首先将 "Value Counter" 节点按照图 7-43 所示进行设置，对 "var38" 各个数值出现的次数进行统计，得到计算结果如图 7-44 所示；然后将 "Sorter" 节点按照图 7-45 所示进行设置，将 "var38" 各个数值出现的次数按倒序（Descending）方式输出，如图 7-46 所示，输出各个数值出现次数。出现次数最多的是 117310.979016494，而且此数值出现的次数远远大于其他数值。所以这里猜测其他值应该是有问题的，结合 Kaggle 论坛讨论，在数据处理过程中可以将它替换成数据的平均值。

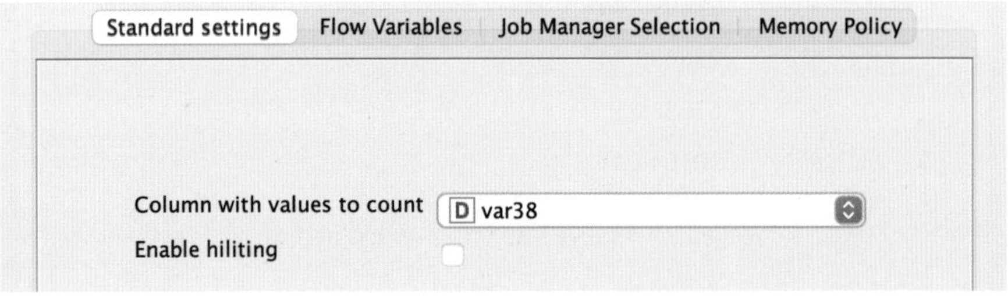

图 7-43 "Value Counter" 节点设置

Rows: 57736 | Columns: 1

#	RowID	count *Number (integer)*
1	5163.75	1
2	6480.66	1
3	6773.13	1
4	8290.86	1
5	8394.93	1
6	8856.21	1
7	9213.75	1
8	9342.33	1

图 7-44 "Value Counter" 节点结果

图 7-45 "Sorter" 节点设置

Rows: 57736 | Columns: 1

#	RowID	count *Number (integer)*
1	117310.979016494	14868
2	451931.22	16
3	463625.16	12
4	104563.8	11
5	288997.44	11
6	236690.34	8
7	67088.31	7
8	104644.41	7

图 7-46 "Sorter" 节点各个值出现的次数

　　这里使用了"Sorter"节点对结果进行排序，此外单击"Value Counter"节点的监察区"count"列右侧出现的箭头 **count** ↓ 也能对结果进行快速排序，而且更快捷，自己试一试。

4. 数据质量

上面的一般性分析中我们发现存在问题的数据有不少，但是被巧妙地隐藏起来了。现在我们大致看下会有什么样的问题，为后面的分析做准备。

还是打开 "Statistics" 节点，如图 7-47 所示，很容易发现有些列（比如 ind_var2_0、ind_var2）中的所有数据都是 0，显然这样的数据是没有什么用的。

	Numeric	Nominal	Top/bottom											
	ind_var2_0	ind_var2	ind_var5_0	ind_var5	ind_var6_0	ind_var6	ind_var8_0	ind_var8	ind_var12_0	ind_var12	ind_var13_0	ind_var13	ind_var13_corto_0	ind_var13_corto	ind_va
	No. missings: 0	No. missings: 0	No. missings: 0	No. missings: 0	No. missings: 0	No. missings: 0	No. missings: 0	No. missings: 0	No. missings: 0	No. missings: 0	No. missings: 0	No. missings: 0	No. missings: 0	No. missings: 0	No. mi
	Top 20: 0 : 76020	Top 20: 0 : 76020	Top 20: 1 : 72829 0 : 3191	Top 20: 1 : 50459 0 : 25561	Top 20: 0 : 76012 1 : 8	Top 20: 0 : 76018 1 : 2	Top 20: 0 : 73524 1 : 2496	Top 20: 0 : 73846 1 : 2174	Top 20: 0 : 70887 1 : 5133	Top 20: 0 : 72564 1 : 3456	Top 20: 0 : 72048 1 : 3972	Top 20: 0 : 72756 1 : 3264	Top 20: 0 : 72867 1 : 3153	Top 20: 0 : 752 1 : 773	Top 20:

图 7-47　进一步观察数据问题

继续观察数据，还可能发现更多问题，下面就通过特征工程来解决这些有问题的数据。

7.3.2　特征工程

特征工程

打开 "Feature Engineering" Metanode，如图 7-48 所示，这个项目的特征工程出现了大量节点，而且很多都没有用过。不过其总体思路和以前的特征工程思路一样，也是结合观察数据和操作数据来分析的。下面我们详细看下每步的工作。

图 7-48　特征工程

1. 去除常数列

使用 "Constant Value Column Filter" 节点去除常数列。常数列不能带来任何信息，没有必要存在，所以直接删除就行了。

2. 根据相关性过滤

根据数据的相关性过滤不需要的列。首先使用 "Linear Correlation" 节点计算各个列的相关性，然后使用 "Correlation Filter" 节点过滤过于相关的节点。

数据相关性图形矩阵如图 7-49 所示，可以发现有大量非常相关的特征。通过设置一个相关系数的阈值，可以决定留下哪些特征去掉哪些特征。至于这个阈值是多少，那就只能根据不同问题具体分析了。使用 "Correlation Filter" 节点过滤相关性太高的特征，观察图 7-48可以发现，这个节点的输入分别是数据和相关性模型，这两个输入来自前面使用过的节点的输出。双击节点，按如图 7-50 所示设置阈值为 0.9，这个阈值也是一个超参数，不过这里简单起见，没有通过验证集来选择超参数，而是简单设置了 0.9。

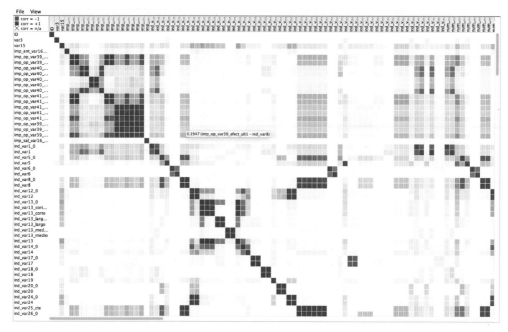

图 7-49　数据相关性热图（局部）

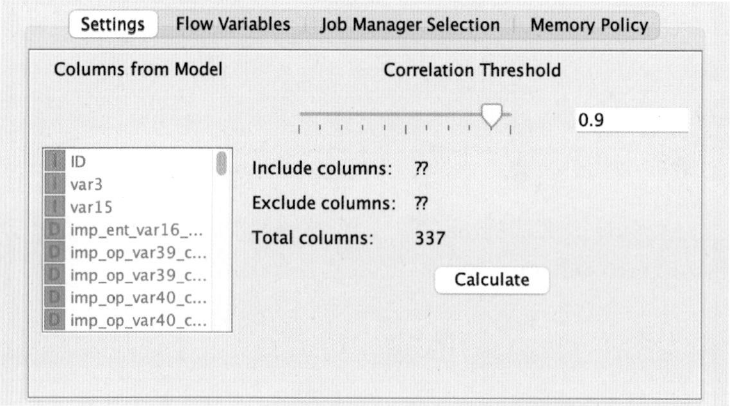

图 7-50　"Correlation Filter"节点阈值设置

单击"Correlation Filter"节点，在节点监察区观察结果如图 7-51 所示，可以发现过滤之后，特征数从 337 个减少到了 171 个。

#	Row...	ID Number (inte..	var3 Number (inte..	var15 Number (inte..	imp_ent_... Number (dou..	imp_op_... Number (dou..	imp_op_... Number (dou..	imp_op_... Number (dou..	imp_op_... Number (dou..	imp_op_... Number (dou..	imp_op_... Number (dou..	imp_op_... Number (dou..	imp_op_... Number (dou..	imp Num..
1	Row0	1	2	23	0	0	0	0	0	0	0	0	0	0
2	Row1	3	2	34	0	0	0	0	0	0	0	0	0	0
3	Row2	4	2	23	0	0	0	0	0	0	0	0	0	0
4	Row3	8	2	37	0	195	195	0	0	0	0	0	0	0
5	Row4	10	2	39	0	0	0	0	0	0	0	0	0	0
6	Row5	13	2	23	0	0	0	0	0	0	0	0	0	0
7	Row6	14	2	27	0	0	0	0	0	0	0	0	0	0
8	Row7	18	2	26	0	0	0	0	0	0	0	0	0	0
9	Row8	20	2	45	0	0	0	0	0	0	0	0	0	0
10	Row9	23	2	25	0	0	0	0	0	0	0	0	0	0

Rows: 76020 | Columns: 171

图 7-51　过滤之后的结果

3. 根据数据变化程度过滤

接下来使用一个不是很常用的节点——"Low Variance Filter"节点。为这个节点设置一个阈值，如果方差小于阈值（即变化程度过小），就过滤掉。这里也比较简单地按图 7-52 所示使用 0.3 作为阈值。更仔细的调整还是需要使用验证集来进行的。这个过滤的原因和过滤常数特征类似，一般来说并不会带给模型太多好处。

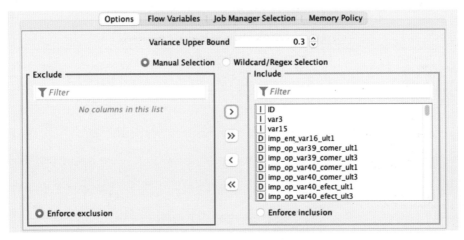

图 7-52　过滤掉变化很小的数据

4. 猜测特征

这一步将会是相当复杂的，需要具备大量领域的知识，这里仅做一个简单说明。总体来说，它是根据这些数据的取值范围、分布等情况，结合银行的业务进行猜测的。"Column Renamer"节点按照图 7-53 所示进行设置。

Column	New name	
var3 ∨	nationality	🗑
Column	New name	
var15 ∨	age	🗑
Column	New name	
var38 ∨	mortgage	🗑
Column	New name	
num_var4 ∨	number_products	🗑

⊕ Add column

图 7-53　根据猜测给特征改名

7.3.3　异常数据处理

1. 国籍

首先看看以前的 var3 列，也就是现在的 nationality 这个特征。通过前面分析发现，大部分数据是 2，其他主要是小于 20 的非负整数。奇怪的地方就是有一个绝对值很大的负

数 -999999。这个数字看起来和其他数字格格不入，很是奇怪，所以我们猜测它可能代表某种异常值，比如说是缺失值。

假定这个就是缺失值，下一步我们就要处理它，我们之前仅仅是将缺失值更换为其他值，这里还将多做一个工作，标注出哪里是缺失值。使用"Rule Engine"节点，新建一个"nationality_missing"列用于记录缺失数据的位置。按图 7-54 所示进行设置，注意点选"Append Column"（添加列），并在文本框中填入"nationality_missing"。

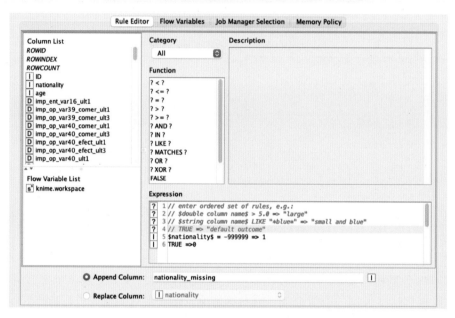

图 7-54　使用"Rule Engine"节点标记缺失值

不过这里需要我们"编程"了。不过不要怕，这种编程较简单：

```
$nationality$ = -999999 = > 1
TRUE = > 0
```

程序运行时，运行完符合条件的语句即结束。其中的两个"$"里面包含的变量就是列名，使用"="判断左右项是否相等，符号"=>"表示赋值。第一行就是说"如果 nationality 这一列等于 -999999，就将其值设置为 1"。如果一行数据符合第一行条件，则将添加的列"nationality_missing"的值设置为 1，程序结束。如果一行数据不符合第一行条件，则继续运行第二行。第二行的条件是"TRUE"，就是永远为真，也就是将不符合"$nationality$ = -999999"的行添加的列"nationality_missing"的值设置为 0，程序结束。

接着，将 -999999 更改为众数 2，就是将缺失值填充为更有意义的数值。使用下一个"Rule Engine"节点，按图 7-55 所示进行设置，注意点选"Replace Column"（替换列），在文本框中填入要替换的列"nationality"，这样"nationality"就会按照缺失值填充规则进行更新。

填入的脚本为：

```
$nationality$ = -999999 = > 2
TRUE = > $nationality$
```

第一行的意思是"将 –999999 更改为 2"，第二行的意思是"如果不是 –999999，则保持原值不变"。

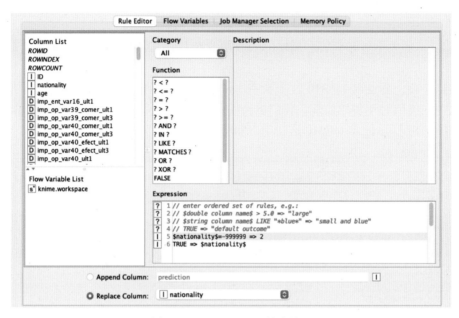

图 7-55　"nationality"缺失处理

2. 年龄

通过观察年龄"age"这列的统计值，我们可以发现，有大量的客户的年龄是 23 岁。可以想象，银行怎么可能会有这么大量的年轻客户，而且恰好是 23 岁呢？但是我们又不能轻易修改原始数据，那么怎么办呢？可以仿照缺失数据处理，我们记录这个问题即可。接着再使用一个"Rule Engine"节点，按图 7-56 所示进行设置。

图 7-56　新增节点记录年龄问题

写入如下脚本：

```
$age$ = 23 = > 1
TRUE = > 0
```

也就是："如果年龄等于 23，新增的列数据设置为 1，否则设置为 0"。

3. 抵押

观察这一项，会发现 117310 这个数字非常大，什么情况？怎么可能大家都约定好抵押这个数目呢？类似对年龄的处理，我们也新增一列记录这个问题，使用一个"Rule Engine"节点，按图 7-57 所示记录 117310 这一项，使用"mortgage_most"记录这个结果。

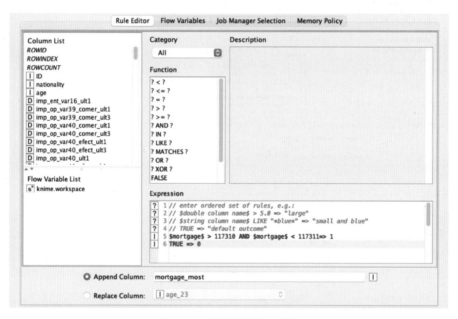

图 7-57　记录抵押最多项目

脚本如下所示：

```
$mortgage$ > 117310 AND $mortgage$ < 117311 = > 1
TRUE = > 0
```

因为数值为浮点类型，大致是 117310，所以这里使用了条件判断，"如果 mortgage 的值在 117310~ 117311 之间，则为 1，否则（不在这个区间）为 0"。

至此我们完成了模型最基本的特征处理，下一步就可以开始建立模型了。

异常数据
处理

7.4　决策树高级应用实战 —— 模型建立与比较

首先将数据拆分为测试集和其他数据，接着就用不同模型来训练了。

7.4.1　决策树

先使用最基本的决策树。观察图 7-58 所示的工作流，上一个输入将数据划

决策树

分为训练集和验证集，下一个输入是测试集。可以看到，训练数据通入决策树模型，然后将训练后的模型和验证集一起输入决策树预测器，之后就可以查看模型验证的效果了。测试模型的工作流和验证模型的工作流基本一样。

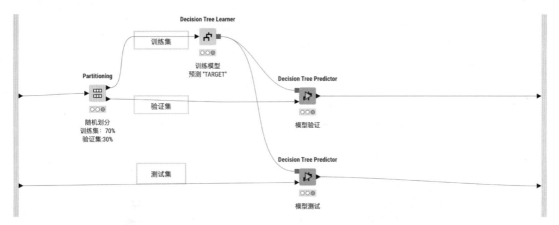

图 7-58　决策树模型训练与测试

双击 "Decision Tree Learner" 节点，这里主要设置如图 7-59 所示几点。

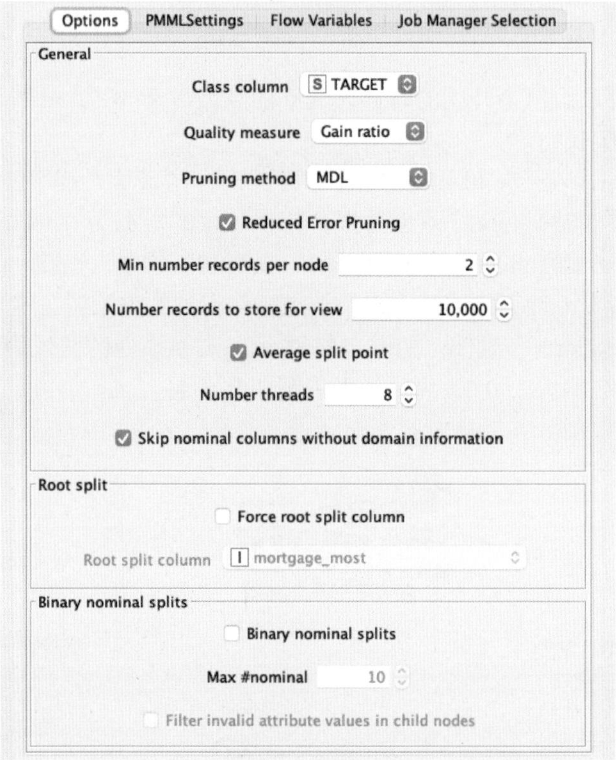

图 7-59　决策树设置

■ 剪枝（"Pruning method"）：设置为 "MDL" 准则编码法，且勾选 "Reduced Error Pruning"（降低错误率剪枝算法）。

■ 节点叶子数量：设置 "Min number records per node" 为 2，表示节点叶子最小数量为 2。

训练完模型后，还可以通过单击此节点，再单击"Open view"功能按钮，可以观察到如图 7-60 所示的决策树。在这个图中，左图是具体的详细的决策树，右图是此决策树的缩略图。我们可以通过单击"+"、"-"展开或者合并某个节点的分支。

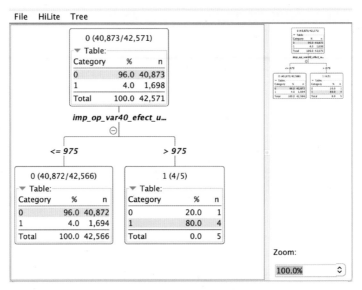

图 7-60　观察决策树

从这个决策树可以看出最开始的时候，为 0 的数据占 96.0%，一共有 40873 个；为 1 的数据占 4.0%，一共有 1698 个。

接下来使用"imp_op_var40_effect_ult1"与 975 的比较大小来判断分支：当 imp_op_var40_effect_ult1≤975 时，有 42566 条数据，有 96.0% 的数据为 0，4.0% 的数据为 1，没什么变化；当 imp_op_var40_effect_ult1 > 975 时，只有 5 条数据，1 条为 0，4 条为 1。

以上模型是作者本人计算机训练出来的结果，你得到的决策树可能是另外的结果。

打开决策树的"Scores"组件，如图 7-61 所示。观察模型的验证集结果，其 ROC 曲线如图 7-62 所示，AUC 略大于 0.5，可见模型表现非常普通。

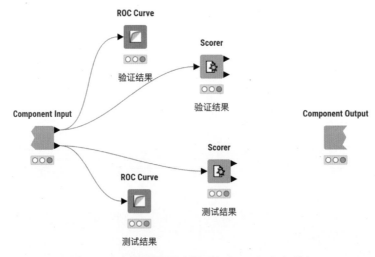

图 7-61　决策树模型评价组件（"Scores"组件）

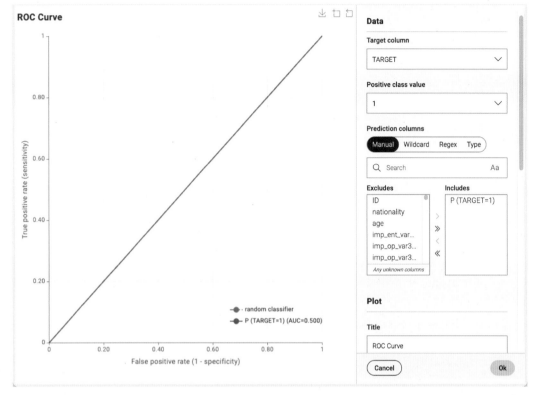

图 7-62　决策树验证集 ROC 曲线

再观察混淆矩阵和模型准确性结果（见图 7-63），可以发现模型的准确率为 96.191%，和 "TARGET" 为 0 的占比 96.04% 十分接近。这说明什么问题呢？

TARGET \ ...	0	1
0	17550	1
1	694	0

Correct classified: 17,550　　Wrong classified: 695

Accuracy: 96.191%　　Error: 3.809%

Cohen's kappa (κ): −0%

图 7-63　决策树验证集准确度

这个问题是由于受到数据不平衡的影响造成的，我们会在第 8 章中详细介绍。

我们此次训练出来的决策树很简单，只有这两个树枝，没有更多的特征来做分支判断。上文提到过，这种决策树很难有足够的准确性，会导致欠拟合。通常需要先解决数据不平衡问题，然后再进行模型训练，只有这样才能观察到一个比较合理的决策树模型。

7.4.2　袋装

下一步来看看袋装怎么做。进入主工作流的 "Bagging" Metanode（这个是作者自己创建的，不是 KNIME 自带的），可见如图 7-64 所示的工作流。

袋装

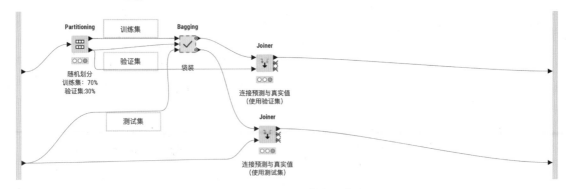

图 7-64　"Bagging"节点工作流

这个工作流与决策树工作流不太一样，而且也与后面其他方法的工作流不一样，这里需要加以注意。

与决策树一致，其输入数据是一样的，接下来，我们看到了没见过的"Bagging"（与 3.3.1 节的 Metanode "Forward Feature Selection"类似，需要回到 KNIME 经典界面的节点仓库中可以找到）和"Joiner"节点。

先进入"Bagging"，我们可以发现如图 7-65 所示的工作流。

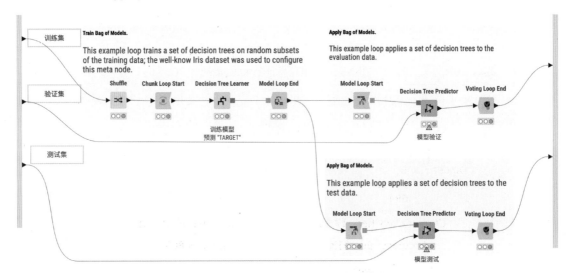

图 7-65　改进的"Bagging"节点工作流

旧版 KNIME 自带的"Bagging"，如图 7-66 所示。在图 7-65 中，因为使用了验证数据，所以对原有的工作流进行了修改。

可以对比图 7-66 和图 7-65，可以发现我们修改后的"Bagging"节点增加了一个输入和一个输出。工作流本身的修改并不难，但是怎么增加输入和输出呢？如图 7-67 所示，将鼠标移动到系统自带的"Bagging"上面，在 Metanode 下方左右弹出两个⊕号，左侧⊕便是用于增加输入配置的图标，右侧⊕是用于增加输出配置的图标。依次单击这两个⊕，如图 7-68 所示，再单击 ▶ Table。这样就可以添加我们需要的输入和输出了，然后对应添加工作流即可。

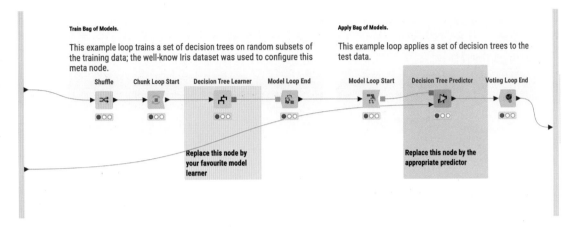

图 7-66　旧版 KNIME 自带的 "Bagging"

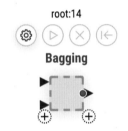

图 7-67　Metanode 功能配置

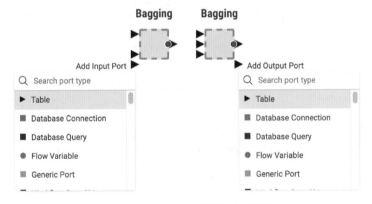

图 7-68　Metanode 增加输入和输出

这个工作流很清楚地说明了袋装应该如何做。工作流分为两部分：一部分使用训练数据和验证数据，另一部分使用测试数据测试模型。现在我们不管测试部分，将剩下的部分分为前后两段。

- 使用训练数据训练若干个模型。
  - 数据混排（"Shuffle" 节点）。
  - 分别训练若干模型。
- 使用验证数据对模型结果进行投票。
  - 分别使用训练好的模型和验证数据进行预测。
  - 对结果投票。

具体来看，利用"Shuffle"节点进行数据混排，将数据顺序打乱。接着在"Chunk Loop Start"节点，打开设置界面，如图 7-69 所示，将数据分为 10 份，进行 10 次运算。接下来就开始模型的训练。

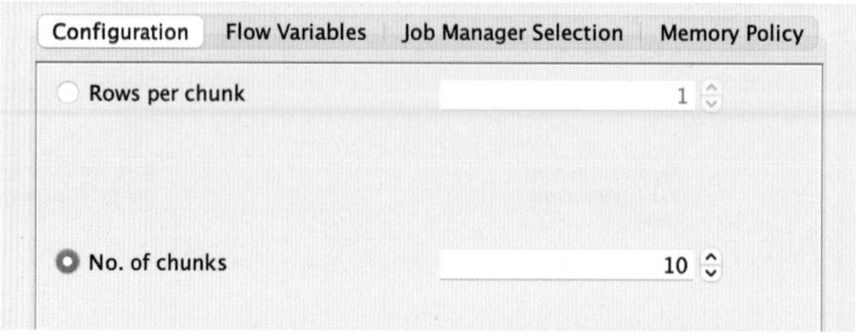

图 7-69　"Chunk Loop Start"节点将数据分为 10 份

接着按如图 7-70 所示设置"Decision Tree Predictor"节点。注意要将预测列改名（具体改成什么名字没有关系，但是必须要改。大家可以自己试试不改会有什么问题。提示：问题会出现在数据连接部分，如下面的"Joiner"节点）。

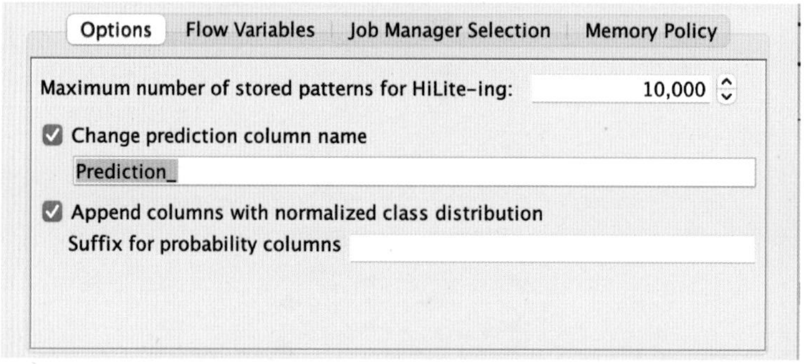

图 7-70　设置结束节点

下一步设置"Voting Loop End"节点，如图 7-71 所示，选择投票列为"P(TARGET=1)"。

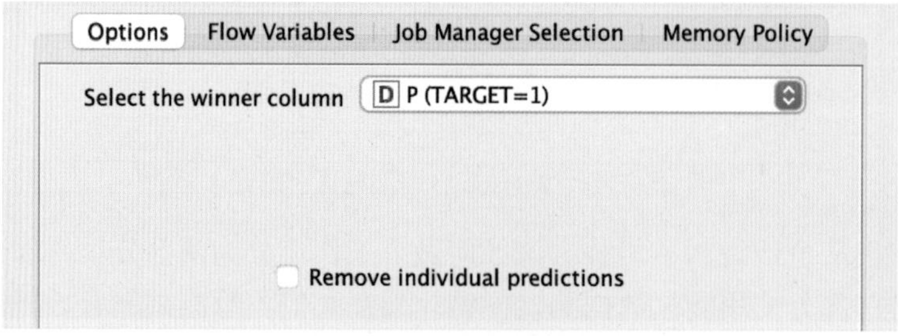

图 7-71　设置投票列

因为这个 Metanode 最后只输出投票结果而没有其他数据，所以为了画出 ROC 曲线，我们需要将其他数据整合进来。使用"Joiner"节点连接数据。"Joiner Settings"（关联设置）标签如图 7-72 所示，在"Join columns"（关联列）中设置以"Row ID"为连接标准（其实就是 Key），在"Include in output"（输出包含的列）中设置为"Matching rows"连接方式，在右侧的维恩图中显示"Inner join"（内连接），这种连接方式仅保留两个输出表相同的列。

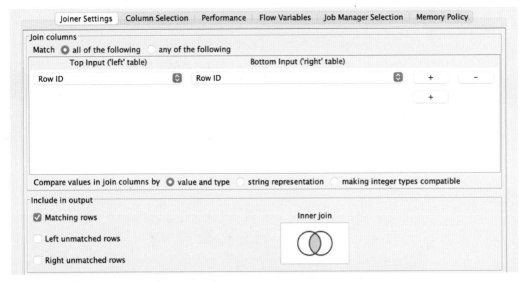

图 7-72　设置连接条件

接着在 "Column Selection" 标签（如图 7-73 所示）设置需要留下的列。因为 ROC 曲线只需要真实值和预测值，所以这里我们也只留下 "P (TARGET=1)" 和 "TARGET" 这两列。

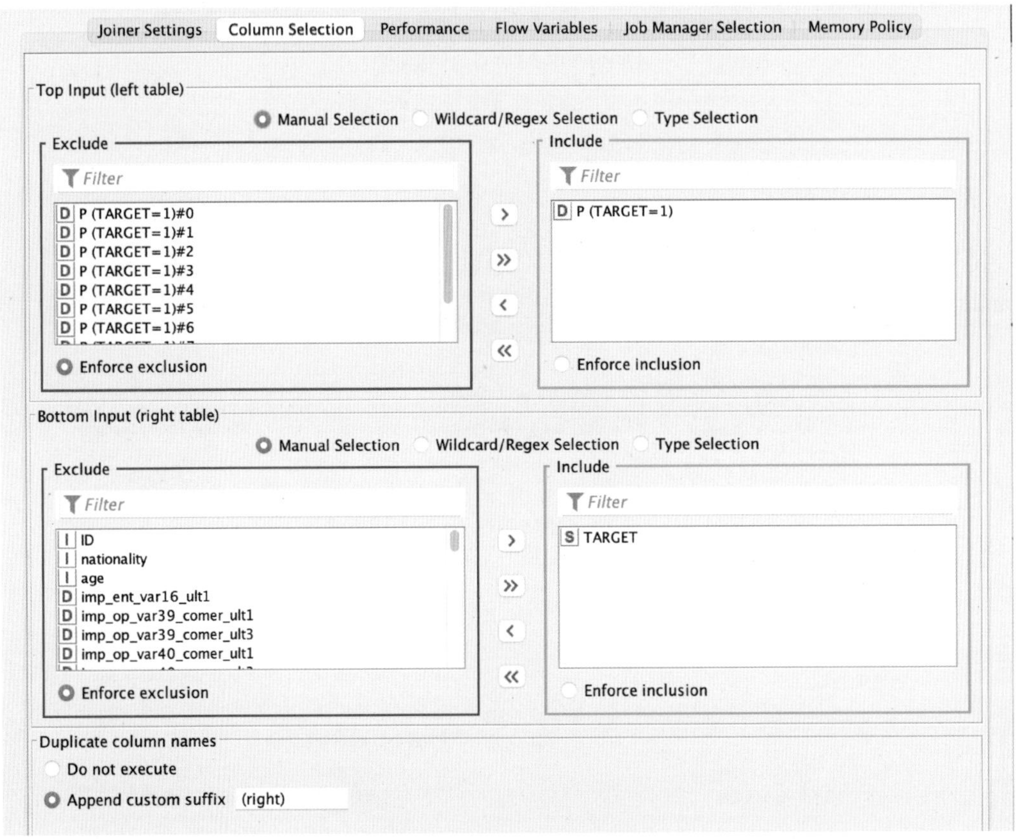

图 7-73　设置需要哪些数据

最后在 "Scores" 组件中查看验证模型的 ROC 结果，因为我们没有怎么优化模型，所以结果比决策树略有改进，如图 7-74 所示。

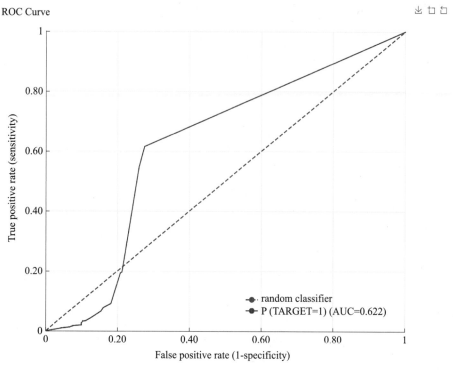

图 7-74　袋装验证模型 ROC 结果

7.4.3　随机森林

随机森林的工作流和决策树工作流基本一样，如图 7-75 所示，只是用了随机森林节点"Random Forest Learner"。

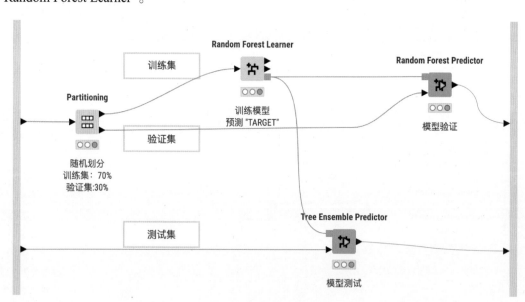

图 7-75　随机森林工作流

按图 7-76 所示进行设置。这里主要设置 "Minimum node size" 为 5，即每个节点最少有 5 个数据，"Number of models" 为 400 个，即将训练 400 个决策树。

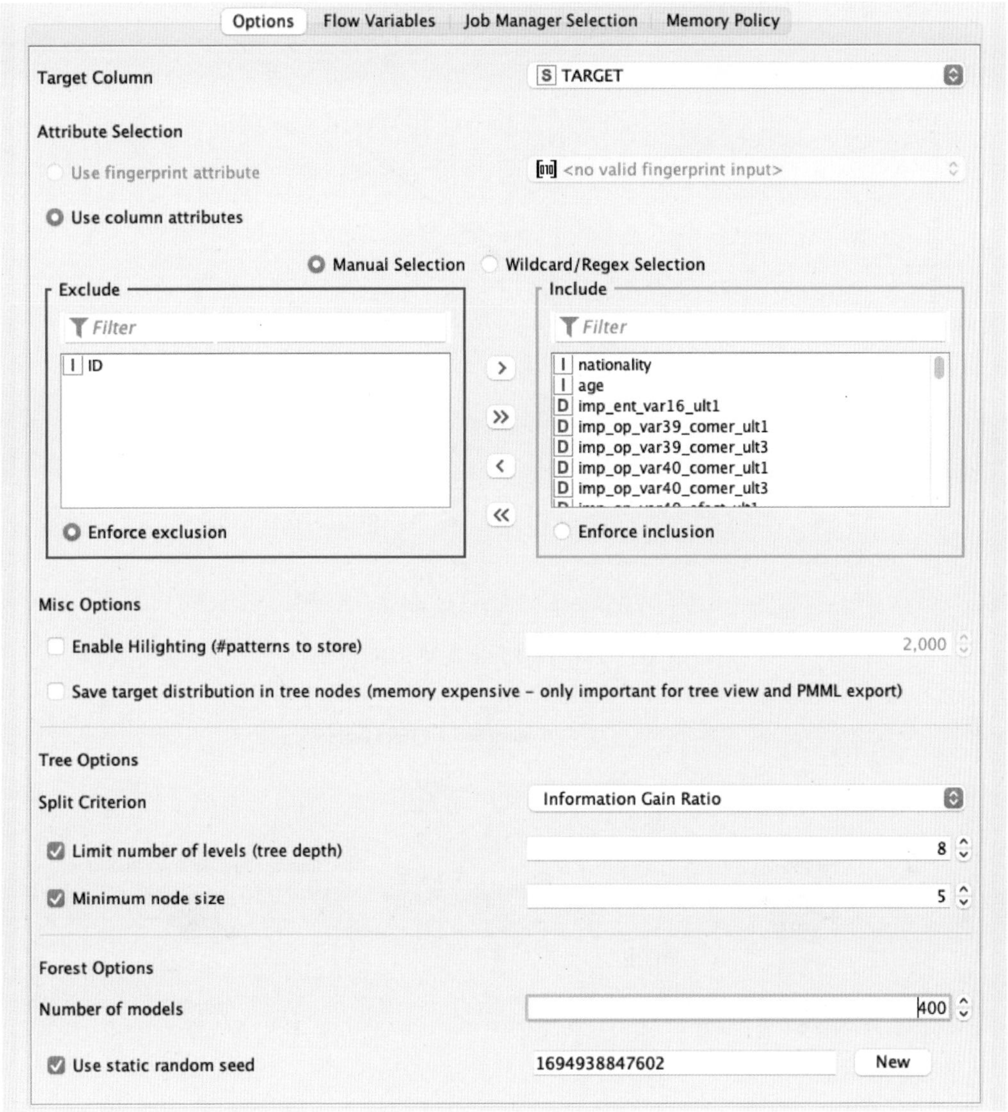

图 7-76　随机森林设置

然后开始运行，应该需要等几分钟的时间，这个时候你应该可以听到计算机的风扇的声音越来越大，说明随机森林使用很多模型耗费了较多资源。如果长时间得不到结果，则可以将模型数量（"Number of models"）进行降低再试一试。

如图 7-77 所示，观察 "Scores" 组件验证模型的 ROC 结果，只能说结果一般般。

7.4.4　提升

最后来看看提升，其工作流如图 7-78 所示。

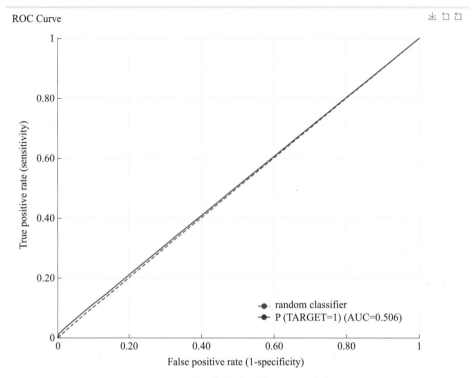

图 7-77　随机森林验证模型 ROC 曲线

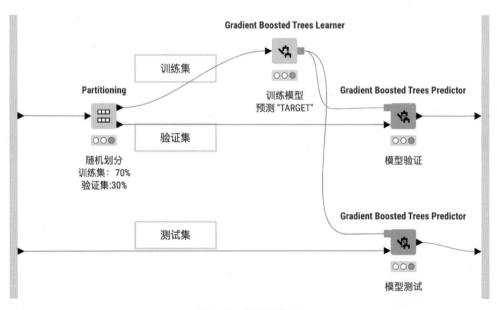

图 7-78　提升工作流

　　其中我们使用了 KNIME 内置的 "Gradient Boosted Trees Learner" 节点及其对应的 "Gradient Boosted Trees Predictor" 节点，其他节点都是我们熟悉的了。

　　按如图 7-79 所示进行设置，这里主要的设置是使用 100 个模型（"Number of models"）。这个算法也比较耗费资源，所以也要等几分钟时间。

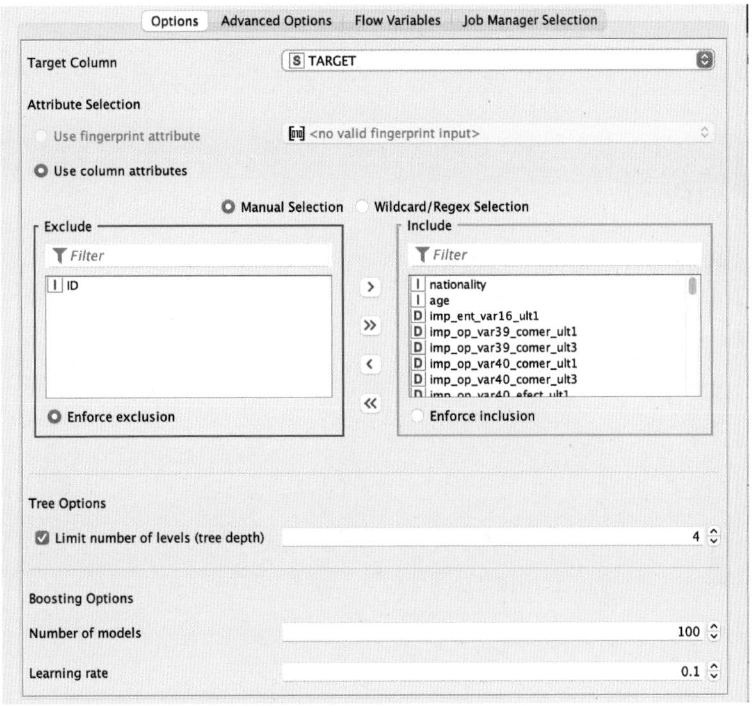

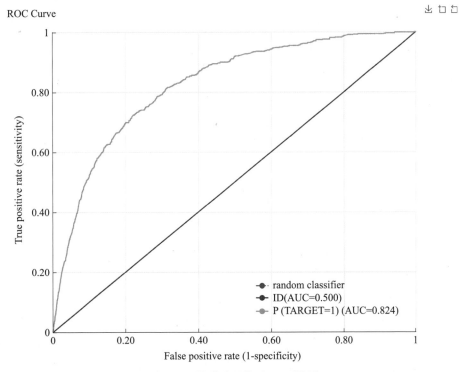

图 7-79 提升设置

最后查看一下"Scores"组件验证模型的 ROC 结果，如图 7-80 所示，从结果可以看出，提升的效果不错，没有辜负提升这个名字。

ROC Curve

图 7-80 提升验证模型 ROC 结果

试一试

● 大家自己尝试这几种方法，调试一下模型，看看能不能得到更好的模型？

7.5 课后练习

1. 验证集和测试集可以是同一组数据吗？
2. 剪枝为什么可以降低过拟合风险？
3. 简述袋装和提升的区别。

第8章
深入理解决策树

习近平总书记以改革家的魄力，谋划顶层设计，把群众意见视作"一把最好的尺子"。①

——新华社

本章知识点

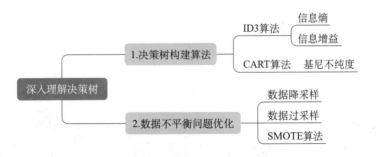

① 学习强国，人民江山。

8.1 决策树进阶

8.1.1 如何构建决策树

构建决策树的方法，简单地说就是找到将数据最好地分类的特征，使用这个特征为根，再使用某个规则分类数据，被分类的数据重复这个过程构建子树，直到完成构建。这句话隐藏着两个关键的问题：

- 什么是最好的？
- 什么时候完成构建？

关于"什么时候完成构建"的问题已经在前面解决了，但是"最好"是什么呢？这部分我们就解决这个问题。最好的衡量标准有很多，比较常见的有信息熵和基尼不纯度。它们分别使用 ID3 算法和 CART 算法。

1. ID3 算法

ID3（Iterative Dichotomiser 3）算法以信息论为基础，使用信息熵（Entropy）和 信息增益（Information Gain）为衡量标准来回答什么是最好的问题。

2. CART 算法

CART（Classification and Regression Trees，分类回归树）算法是一种二分类递归算法，每一步只判断"是"或"否"，使用基尼不纯度作为衡量标准来回答什么是最好的问题。

下面我们就分别看看这两个算法到底是什么意思。

8.1.2 ID3 算法决定什么是最好的

首先我们来理解 ID3 算法要做什么。因为 ID3 以信息熵（Entropy）和信息增益（Information Gain）为衡量标准，所以我们首先看看这两个概念。

1. 熵

熵最初是一个热力学概念，用来表示系统混乱的程度。例如，如图 8-1 所示，有三种形式存在的鸡蛋，如果让你数一数图中一共有多少个鸡蛋，你更愿意数哪个图中的鸡蛋呢？

不出意外的话，大多数人应该会选择数第一张图中的鸡蛋，因为这张图最不"混乱"。越混乱熵越大，对应地，第一张图熵最小，第三张图熵最大。

图 8-1　你想数哪张图中的鸡蛋数目

2. 信息熵

信息论中熵又叫作信息熵，是接收的每条消息中包含的信息的平均量。如果有三个人，他们的面前分别有图 8-1 中的一张图片，任务是数图中有多少个鸡蛋。这个时候三个人都发现桌子上放着一张小纸条告诉他们面前有多少个鸡蛋，哪个人感觉最"惊喜"呢？显然是处境最"混乱"（心里面最没有底）的人最"惊喜"，因为这条信息的信息量太大了。

再举一个例子来深入理解下信息熵，并了解其计算方法。如图 8-2 所示，假设你在荒野迷路了，手机又不能上网，唯一的方法就是打电话求助，但是你的手机电量只够说一句话，你的位置如图中所示，你准备说哪句话呢？

悦来客栈

图 8-2　迷失荒野

- 我在荒野。
- 我在树林和草原的分界处。
- 我在悦来客栈门口。

假设你在搜寻的人眼中是在四处游荡的，也就是你在别人眼中出现在荒野任何地方的概率都是相等的。

- "我在荒野"这句话人人都知道，因为你 100% 是在荒野，显然这句话没有任何信息量。
- "我在树林和草原的分界处"这句话对信息的提升很有帮助，那么大的荒野，你能在这里的概率不高。这就是在一个平面上选了一条线，至少让人知道要找的点在这条线上了。
- "我在悦来客栈门口"这句话就是告诉别人你的坐标了，那直接过去找你就行了。同时注意，你在这里出现的概率太小了，这句话的信息量太大了。

从这个例子中，你应该已经发现了，信息量越大，事件发生的概率越小。为了让信息量具有可加性，定义一个事件 X 的信息量为概率倒数的对数：

$$I(X) = \log\left(\frac{1}{P(X)}\right) = -\log(P(X))$$

在一个系统中，有着大量的事件，这些事件的信息量的期望（平均值）就是这个系统的熵

$$H(X) = E\left[\left(I(X)\right)\right] = \sum_{i=1}^{n} P(x_i) \log_b \frac{1}{P(x_i)}$$

在这里 n 代表事件有多少种可能性，b 是对数所使用的底，通常是 2、自然常数 e，或是 10。当 $b=2$（ID3 算法中的情况）时，熵的单位是比特（bit）；当 $b=e$，熵的单位是奈特（nat）；而当 $b=10$ 时，熵的单位是哈特（Hart）。

如果把每条消息看作一个系统，消息中每个比特看作是一个事件，信息熵就是接收的每条消息中包含的信息的平均量。信息量就代表了消息的不确定性。就像上面的荒野求生的例子，比较不可能发生的事情发生了，会给人更多的信息量。另一个理解是，我要你尽最大努力地猜测下一个事件，熵是你猜对之后的惊奇度，或者说熵就是你猜对了有多惊喜。你越惊喜，消息越有价值。

3. 信息熵计算举例

继续来看一个更简单的抛硬币的例子来说明信息熵的取值。如果用一枚正常的硬币来做抛硬币实验，那么你有多大可能猜对正反呢？答案是 1/2。如果双面完全一样的硬币呢？你没有可能猜错。你说哪个抛硬币实验猜对给你的惊喜更多，信息熵大？代入公式看看。

- 抛正常硬币，只有正反两种可能性，可知 $n=2$。正常硬币，正反概率都是 1/2。

$$H(X) = 2 \times \frac{1}{2} \log_2 2 = 1$$

- 抛一个双面完全一样的硬币，只有一种可能，可知 $n=1$，其概率肯定为 1。

$$H(X) = \log_2 1 = 0$$

实际的情况，肯定是介于两种极端情况之间的。

4. 信息增益

信息增益就是在某个条件下，信息熵减小的程度。通俗点说，就是我告诉你一个秘密，能给你多大惊喜，能解决你多大的疑问。

在荒野求生例子中，将每个答案看作一个秘密。此时，信息增益当然是说"我在悦来客栈门口"的最大了。如图 8-3 所示，红圈代表所有可能，虚线蓝圈代表获取信息后可能的范围。不同的信息，可以缩小的范围是不同的，信息量越大，定位越准确。

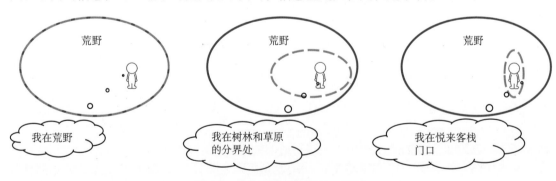

图 8-3　每个答案的信息量都不同

下面给出公式

$$\mathrm{IG}(T, a) = H(T) - H(T \mid a)$$

其中 a 就是那个求救信息，这个信息让搜索范围缩小了，将上面公式中的"$\mid a$"看作是

因为 a 而缩小到的空间。信息增益就是这个空间缩小的大小，如图 8-4 所示。

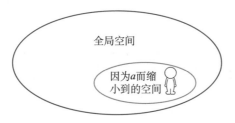

图 8-4 空间因为信息而缩小

有了这层理解，上面公式就是将你限定在某个更小范围的话，能增加多大的信息量。

5. 使用信息熵建立树

使用信息熵建立树的步骤为：

（1）计算数据的信息熵。

（2）计算每一个特征分类之后的信息熵。

　　○ 计算此特征每个取值情况下的信息熵。

　　○ 计算这些信息熵的加权平均（期望）。

　　○ 计算此特征的信息增益。

（3）使用带来最大信息增益的特征作为根节点，此特征的不同取值作为树枝。

（4）使用其他特征继续构建分支。

（5）如果分无可分了（都一样或者特征用完了）就停止。

8.1.3 CART 算法决定什么最好

1. 基尼不纯度

基尼系数（Gini Coefficient，Gini Index）大家应该都在新闻里听说过，是判断年收入分配公平程度的指标。但是基尼不纯度（Gini Impurity）不是基尼系数，它是另外一个相关但是不同的指数。

大量中文和外文的文件将基尼系数和基尼不纯度搞混，大家一定要注意。维基百科甚至在 "Gini Impurity" 内容中备注了 "Not to be confused with Gini coefficient."，可见二者混淆的严重程度。

基尼不纯度简单来说就是尽最大努力猜的话猜对了会有多惊喜。准确来说，从一个集合中随机抽样一个元素，然后按照标签的分布情况随机打一个标签，基尼不纯度是标记惊奇程度的度量。

是不是好像和信息熵的意思一样？

比较一下以下公式：

$$\text{Gini}: \text{Gini}(E) = 1 - \sum_{j=1}^{c} p_j^2$$

$$\text{Entropy}: H(E) = -\sum_{j=1}^{c} p_j \log p_j$$

公式也基本一样吧？事实上，使用哪个作为错误程度的衡量标准也没有太大的影响。

2. 使用基尼不纯度构建树

其步骤与信息熵相同。

（1）计算数据的基尼不纯度。

（2）计算每一个特征分类之后的基尼不纯度。

　　○ 计算此特征每个取值情况下的基尼不纯度。

　　○ 计算这些基尼不纯度的加权平均（期望）。

　　○ 计算此特征的基尼增益。

（3）使用带来最大基尼增益的特征作为根节点，此特征的不同取值作为树枝。

（4）使用其他特征继续构建分支。

（5）如果分无可分了（都一样或者特征用完了）就停止。

CART 和 ID3 最大的区别就是使用了不同的指标进行分类。另一个区别就是 ID3 只能用于分类问题，而 CART，顾名思义，既可以用于分类又可以用于回归。

8.1.4　KNIME 设置

在上一章银行客户分类问题中，如图 8-5 所示，在决策树训练节点设置中，可以选择"Gain ratio"或者"Gini index"，前者就是信息增益方法，后者就是基尼不纯度方法。尝试两种方法，看看哪一种方法得出的模型更好。

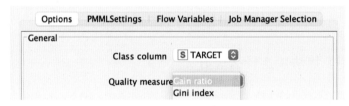

图 8-5　决策树算法选择

8.2　数据不平衡问题优化

在上一章的银行客户分类问题中，我们要判断 TARGET，但是这个数据为 1 的只占 4% 左右，大量数据都是 0，是典型的数据不平衡现象。我们的目的是尽可能找到为 1 的那些客户，但是假设将所有客户都判断为 0，最终正确率也会有 96.207%（见图 8-6），导致模型不能很好地解决我们的问题。

File	Hilite	
TARGET \ ...	0	1
0	17553	0
1	692	0
Correct classified: 17,553		Wrong classified: 692
Accuracy: 96.207%		Error: 3.793%
Cohen's kappa (κ): 0%		

图 8-6　全都判断为没有不满意的

要解决数据不平衡问题，有以下几种算法：

- 对多数数据降采样。
- 对少数数据过采样。
- 调整损失函数使其更看重少数数据（SMOTE 算法）。
- 合成更多"少数数据"。

8.2.1　对多数数据降采样

这种方法就是随机采样多数数据，使采样到的多数数据和原始数据集中的少数数据数量差不多。如图 8-7 所示红色数据点远远多于蓝色数据点，首先随机采样若干多数数据，然后如图 8-8 所示在训练模型的时候只采用采样到的数据。但是很明显，这个方法丢弃了大量数据，不利于模型训练。

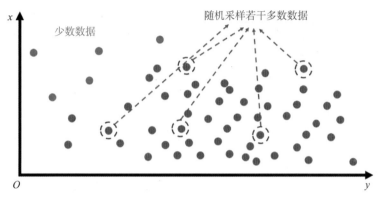

图 8-7　随机采样若干多数数据

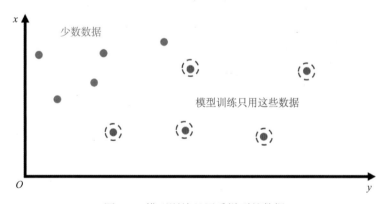

图 8-8　模型训练只用采样到的数据

KNIME 采用"Equal Size Sampling"节点完成此操作。在如图 8-9 所示的工作流中显示了多数数据降采样。注意"Equal Size Sampling"必须只用在训练集，一定不要用在验证集或测试集。

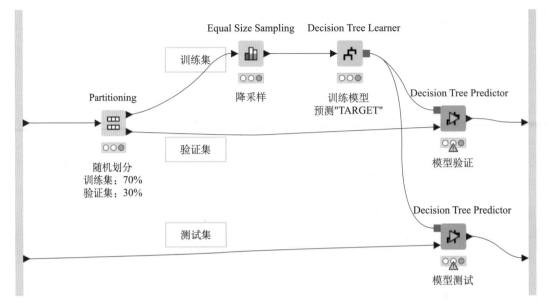

图 8-9　实现多数数据降采样的工作流

"Equal Size Sampling" 节点设置比较简单，主要是选择对谁操作，这里将 "Nominal column" 设为 "TARGET"。选中 "Use exact sampling"（使用精确采样）的话会严格要求两类数据数量一样多，比较耗费资源，这里不采用。我们只需要两类数据大致一样多就可以了，所以选择 "Use approximate sampling"（使用近似采样），如图 8-10 所示。

图 8-10　"Equal Size Sampling" 节点设置

接下来就看看结果如何，训练数据一共有 48652 个，降采样之后只剩下了 3937 个。在 "Scores" 组件中观察测试集结果，从图 8-11 中可以看出 ROC 比之前好多了。

从图 8-12 所示结果来看，虽然准确率不是太高，但是我们捕捉到了更多的不满意客户。袋装等其他模型的降采样方法类似，请大家自己尝试。

继续使用 "7.4.1 决策树" 章节的模型，经过降采样训练完模型后，再次观察决策树模型，如图 8-13 所示。显然此时的决策树比之前 "深" 了许多，说明经过数据的不平衡处理后，有了更多特征参与到结果的判断中。

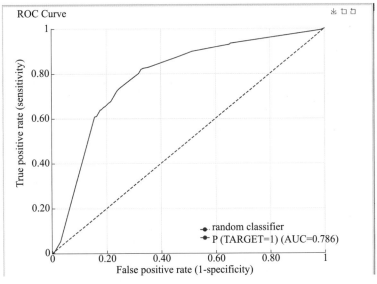

图 8-11 决策树 ROC 曲线

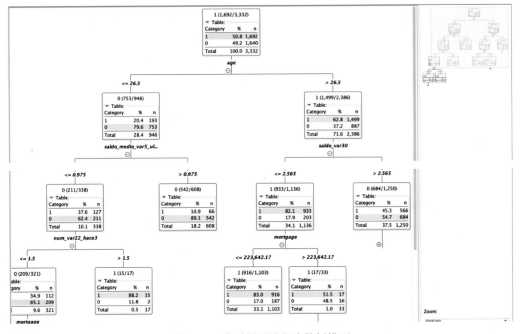

图 8-12 降采样的"Scorer"结果

图 8-13 降采样训练的决策树模型

决策树一开始时，为 0 的数据占比 49.2%，为 1 的数据占比 50.8%，两类数据样本的比例几乎是相同的。

接下来依次使用"age"与 26.5、"saldo_var30"与 2.565 等大小比较来判断分支。可以发现，随着分支的一步步分叉，树的两个分支 0 或者 1 的占比越来越大，另一个的占比越来越小。可以想象，当一个占比接近 100% 的时候，就是树的分支判断出来结果的时候。如图 8-14 所示，当"imp_op_var41_effect_ult3" > 615 时，有 14 个样本全部都是 1，此时这 14 个数据不再进行分叉判断，决策树在"imp_op_var41_effect_ult3" > 615 这个条件的判断结束，而对"imp_op_var41_effect_ult3" ≤ 615 的分支数据继续进行判断。

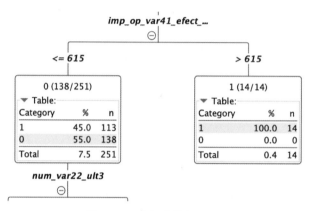

图 8-14　正确率到达 100%

因为将"Min number records per node"（最小节点叶子数量）设置为 2，这表示当节点数目为 2 时就要停止分叉，所以如果最小节点数小于 2 的话，不管结果是否 100% 正确，都必须停止。如图 8-15 所示，在"num_var22_hace3" > 1.5 这一分支有 17 个样本数据，其中 15 个样本为 1，2 个为 0，如果再继续分叉的话将会出现数据量为 1 的节点，所以不能再分了。"Min number records per node"是一个重要的设置，对于防止过拟合有着十分重要的作用，这里将它设置为 2 并不是一个很好的选择，建议大家自己调试一下，选择一个稍微大一点的值。

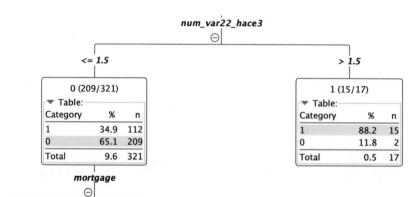

图 8-15　最小节点数

注意： 以上决策树的训练结果并不唯一，仅供参考，如果设置和教材一样但是训练结果不一样也是合理的。

多数数据
降采样

8.2.2 对少数数据过采样

使用少数数据过采样的话，我们随机重复采样少数数据，以增大少数数据的数目。如图8-16 所示，我们将少数数据大量重复，然后使用所有数据训练模型。虽然这个方法没有丢弃数据，但是这个方法很容易导致过拟合，因为我们更有可能会得到相同的数据。

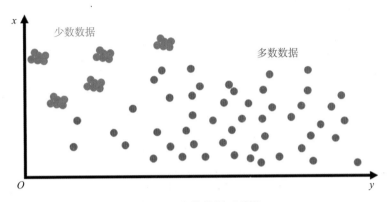

图 8-16　少数数据过采样

KNIME 并没有提供此算法节点，不过间接提供了一个类似的功能。具体工作流如图8-17 所示，其实就是将决策树节点替换成了"Tree Ensemble Learner"节点。

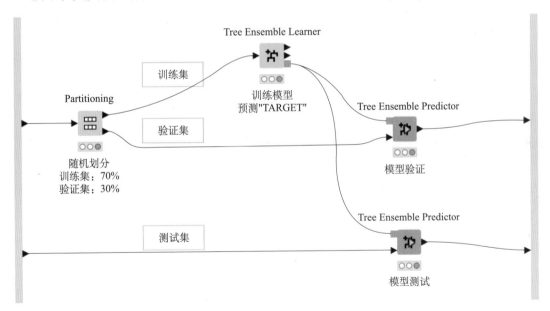

图 8-17　少数数据过采样工作流

"Tree Ensemble Learner"节点可以认为是一个设置选项更多的随机森林模型，其设置如图 8-18 所示。"Ensemble Configuration"（集成配置）标签下的设置与采样有关。在"Data Sampling(Rows)"（数据采样）中，"Fraction of data to learn single model"（要学习单个模型的数据比例）设置为 1，即使用数据量等于实际数据量。"Data Sampling Mode"（数据采样模式）使用"Equal size"（等量方式），就是少数数据使用同样的个数。但是多数数据怎么可能和少数数据一样多呢？所以这里采用放回抽样，即"With replacement"，这样的话就会导致少数数据过采样。

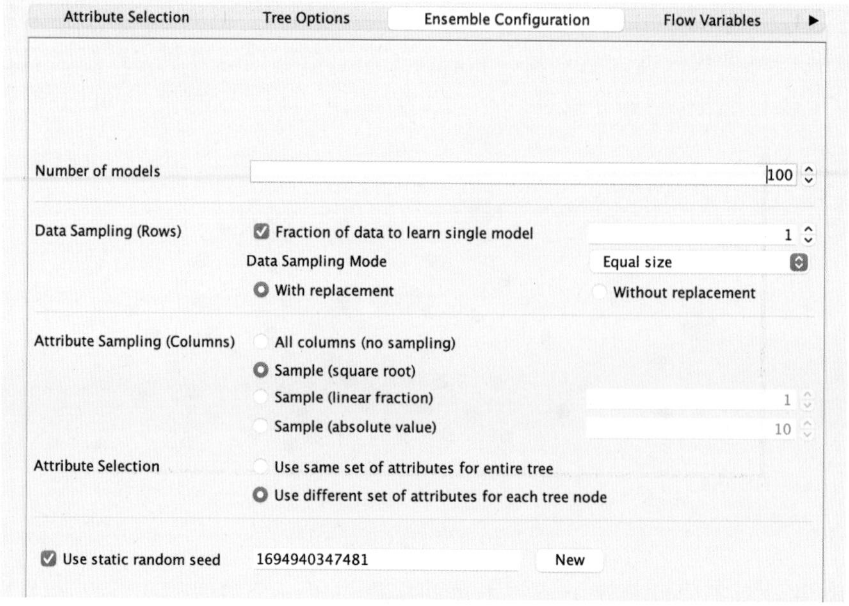

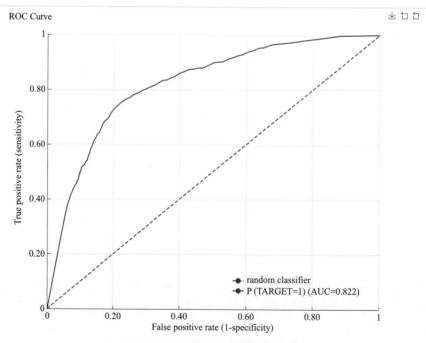

图 8-18 "Tree Ensemble Learner"节点设置

接下来看看结果如何。如图 8-19 所示观察测试结果的 ROC 曲线，可以发现这个算法的结果有了不少的提高。

ROC Curve

图 8-19 少数数据过采样 ROC 曲线

如图 8-20 所示观察其混淆矩阵，可以发现其准确率比决策树略有降低，但是识别为 1 的客户效果比只使用决策树好多了。

File	Hilite		
TARGET \ ...	0	1	
0	12241	2339	
1	218	406	

Correct classified: 12,647   Wrong classified: 2,557

Accuracy: 83.182%   Error: 16.818%

Cohen's kappa (κ): 0.187%

图 8-20 少数数据过采样混淆矩阵

8.2.3 SMOTE 算法

机器学习中，有一个叫作 SMOTE（Synthetic Minority Over-sampling Technique，合成少数过采样技术）的技术，大致原理是通过算法更多"采样"一些少数分类。下面我们理解一下这个算法。

不平衡的数据分布如图 8-21 所示，红色数据点远远多于蓝色数据点。如果我们仅仅判断所有点都是红色的，则正确率也不会差到哪里去。但是如果我们的目的是找到所有蓝色的数据点，那么问题就很严重了。

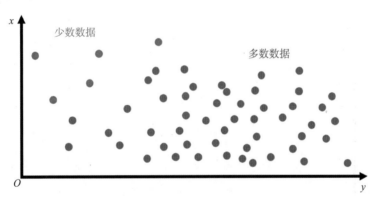

图 8-21 不平衡的数据分布

SMOTE 算法会在已有的数据之间合成新的少数点。如图 8-22 所示，假设我们把各个蓝色点都连起来，然后在每条连线上都人工合成若干个数据点，这样就可以大大增加蓝色点的数量，达到平衡两种数据点的作用。

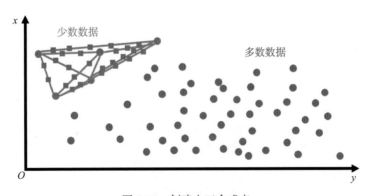

图 8-22 创建人工合成点

在 SMOTE 合成少数点的时候，每个少数点是否应该都和其他所有点相连吗？显然这是不现实的，在实际应用中，我们通过 k 参数设置需要如何连线。如图 8-23 所示，当 $k = 1$ 时，以某一个蓝色点为例，以这个点为圆心画圆，慢慢增大圆的半径，当此圆触及到一个蓝色点的时候停止。然后将这两个蓝色点相连，在此线段上随机位置合成新的点。

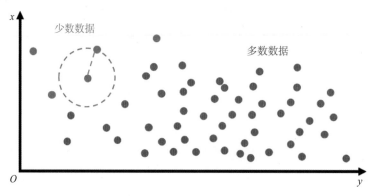

图 8-23　$k = 1$

类似地，当 $k = 2$ 时，如图 8-24 所示，以这个点为圆心画圆，慢慢增大圆的半径，当此圆触及到两个蓝色点的时候停止。然后将圆心的点与触及到的两个点分别相连，在两个线段上随机位置合成新的点。

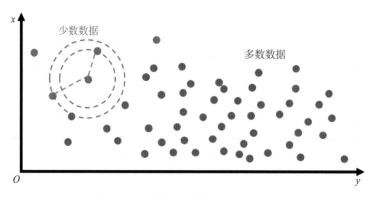

图 8-24　$k = 2$

KNIME 很贴心地为我们提供了一个"SMOTE"节点使用，它对输入数据进行过采样（即添加人工行）以丰富训练数据。如图 8-25 所示的是其在决策树里对应的工作流。注意："SMOTE"必须只用在训练集，一定不要用在验证集或测试集。

但是这个算法有一个严重的问题，就是如果数据量比较大的话，运算速度就会特别慢。所以对于数据量大的场景来说，这个算法实用性比较差。不过这里简单介绍一下 KNIME "SMOTE"节点的设置，方便我们在合适的例子中使用。如图 8-26 所示，"Nearest neighbor"（最近邻）就是上面介绍的 k 参数，"Oversample by"（过采样）的数据就是要添加几倍的少数数据，"Oversample minority classes"表示直接将少数数据过采样到和多数数据一样多。

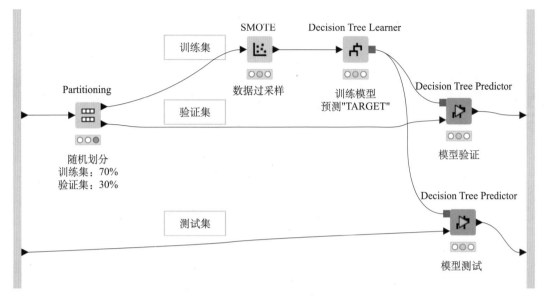

图 8-25 使用 SMOTE 的工作流

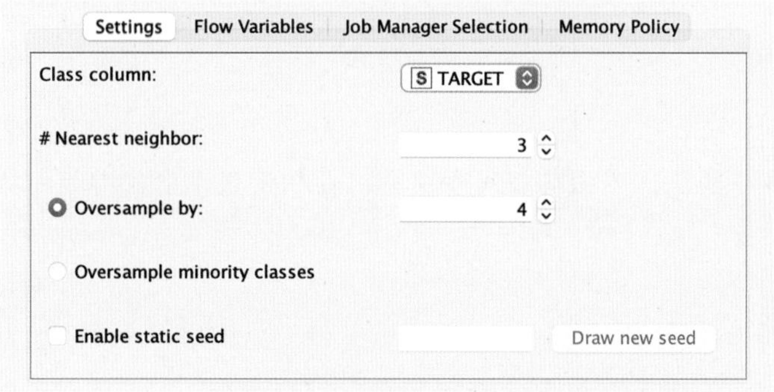

图 8-26 "SMOTE"节点设置

　　根据以上介绍，读者可以自己试一试使用 SMOTE 算法数据过采样后，观察模型的训练效果。

8.3 课后练习

1. 听说过"宇宙热寂"吗？自己查一查。
2. 数据不平衡有什么危害？

第 *9* 章

贝叶斯分析

一个课题多个团队，不同路径同步攻关，在相互竞争中，增加成功概率。

——钟祺①

本章知识点

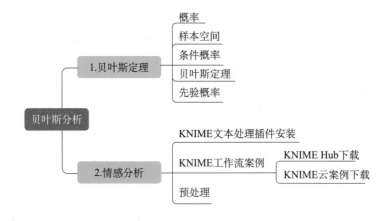

① 学习强国，习近平提出的"赛马"制度，怎么理解？

我们经常说起概率，但是概率究竟是什么呢？明天下雨的概率是多少？如果你在撒哈拉沙漠，明天下雨的概率变大了吗？如果你在伦敦呢？如果看到一个漫天飞沙的场景，你觉得这是在撒哈拉沙漠还是在伦敦？在思考这些问题的时候，你或多或少地已经采用了"贝叶斯"思维。

9.1　贝叶斯定理

9.1.1　基本术语

1. 概率

概率常用来量化对于某些不确定问题有多确定会发生。这种确定的程度可以用 0 到 1 之间的数值来表示，这个数值就是概率。事件发生的概率越高，我们越确定这个事件可能发生。比如抛硬币的例子，正面朝上及背面朝上的两种结果看来概率相同，每个的概率都是 1/2，也就是正面朝上及背面朝上的概率各有 50%。

一个事件 E 的概率可以用 $P(E)$ 来表示。

2. 样本空间

样本空间是一个实验或随机实验所有可能结果的集合，而随机实验中的每个可能结果称为样本点，全集（Ω）就是包含所有样本点的空间。例如，抛硬币的例子，样本空间就是集合 { 正面，反面 }，这个集合也是全集。如果是投掷骰子，则样本空间就是 { 1, 2, 3, 4, 5, 6 }，同样这个空间也是全集。

9.1.2　条件概率

$P(E)$ 其实就是事件 E 在全集中的概率，可以写作：$P(E\,|\,\Omega)$。

但是如果在已知部分信息的条件下，判断结果会是什么呢？这其实就是一个缩小样本空间的问题。如图 9-1 所示，投掷骰子例子，样本空间 A 就是 { 1, 2, 3, 4, 5, 6 }，如果通过某种渠道得知这个骰子被人做了手脚，最后结果只能出现 { 4, 5, 6 }，这样样本空间就不是全集了，而是另一个只由 { 4, 5, 6 } 构成的小样本空间，这个空间记为 B。掷骰子结果的概率如果还是写作 $P(E)$ 的话，显然不能表达已经缩小了样本空间的条件。为了表达这种变化了的样本空间，可以写作 $P(E\,|\,B)$，这个式子就是在样本空间 B 中，事件 E 发生的概率。

显然，在缩小了样本空间后，我们对各个数值发生与否更加确定了。如果我们可以进一步压缩样本空间，就可以进一步确定了。另一方面，如果你掷骰子，发现总是出现 4、5 或者 6，从没有出现 1、2 和 3，你觉得这是怎么回事呢？或者说你能根据这个推断出什么吗？

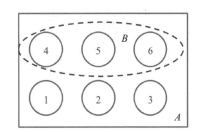

图 9-1　样本空间缩小

1. 样本空间理解

假设我们计算 $P(A\,|\,B)$，用样本空间的概念理解这个问题。如图 9-2 所示，我们要知道 A 事件在 B 空间发生的概率。原本的全集空间 Ω，缩小为了 B 空间，这样就变成了计算

在 B 空间中，A 事件发生的概率是多少。

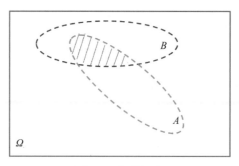

图 9-2　条件概率

我们分两步计算。

第一步，空间中 $P(A|B)$ 到底包括哪些部分？

由图 9-2 可见，B 空间中 A 事件发生的概率可以对应到全集空间中"A 并且 B 发生的概率"的部分，也就是和 $P(AB)$ 有关。

第二步，进入 B 空间。我们刚才处于全集空间，但是计算的都是在 B 空间中的情况，这一步就要进入 B 空间了。

B 空间比全集空间要小，进入 B 空间，相当于视场从远到近的拉近过程，B 空间内的一切都变得更大了。如图 9-3 所示例子，A 空间是一条狗，B 空间是狗身上某个有虫子的部位，A 空间有虫子的概率可能很小，但是 B 空间有虫子的概率却是 100%。

如图 9-4 所示，假设 B 空间内还有一个子空间 C，我们已经测量了它的体积占 B 空间的 $c_b\%$。如果 B 空间占全集空间体积的 $b\%$，则 C 空间在全集空间中的体积占比可以按如下公式计算，也就是需要从 B 进入全集：

$$c\% = c_b\% \times b\%$$

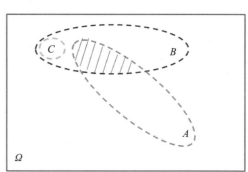

图 9-3　视场拉近后变得更大　　　　图 9-4　子空间

反过来，如果我们已知空间 C 在全集空间中的体积，然后求空间 C 在空间 B 中的体积，就应该做如下操作，也就是从全集空间进入 B 空间：

$$c_b\% = \frac{c\%}{b\%}$$

上面我们从空间体积的思路对一个子空间在不同父空间中的体积占比有了直观映像，下一步就是把这些体积的直观感受转换为概率。概率可以想象为体积比，一个物体在一个空间中体积占比越大，这个物体越容易被发现，对应地，发现它的概率就越大。

　　2.使用样本空间的概率计算

　　我们通过上面两步来计算 $P(A|B)$。根据上面第一步分析，可知 $P(A|B)$ 通过全集空间看就是 $P(AB)$ 部分。根据上面第二步分析，我们需要进入 B 空间，在全集空间中发生 B 的概率为 $P(B)$，可知：

$$P(A|B) = P(AB)/P(B)$$

　　上面公式可以理解为：在 B 空间 A 事件的占比就是在全集空间中 AB 对应在 B 空间的占比。这里如果可以很好地建立起概率空间的直觉体系，那么以后接触到全概率和贝叶斯就都很轻松了。

9.1.3　全概率公式

　　通过图 9-5 来理解，全集空间划分为 A_1，A_2，A_3，$\cdots$，A_n 这些子空间，我们想要求 B 区域的概率（面积）。如果 B 在各个子空间的面积容易求得的话，那么 B 的面积完全可以变为 B 在各个子空间的面积的和，转换为概率公式就变成了：

$$P(B) = P(A_1)P(B|A_1) + P(A_2)P(B|A_2) + P(A_3)P(B|A_3)$$

　　我们可以把这种求概率的策略理解为"分而治之"的策略。

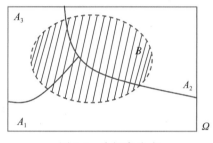

图 9-5　全概率公式

9.1.4　贝叶斯定理

　　有了前面的理论基础，我们进一步理解什么是贝叶斯定理。贝叶斯定理可以理解为确定你到底在哪里的过程。还是看图 9-5 全概率公式的图，我们想要知道自己在 A_3 空间的可能性有多大，在全集空间中，A_3 的面积是 $P(A_3)$。我们需要更多的证据来判断我们到底在哪里。随着证据的增多，我们发现自己应该在 B 空间，B 在全集空间的概率为 $P(B)$。那么我们在 A_3 中的可能性因为有了新的观测数据，需要改写为 $P(A_3|B)$，也就是在 B 发生的情况下，我们在 A_3 空间中的可能性。根据条件概率公式我们可以得出这个计算公式：

$$P(A_3|B) = \frac{P(A_3 B)}{P(B)}$$

$$P(A_3|B) = \frac{P(B|A_3)P(A_3)}{P(B)}$$

　　这个公式可以结合图 9-6 来理解。分析上面的过程，最开始的时候，我们没有任何信

息，只能在全集空间中判断，得出一个先验概率：$P(A_3)$。然后因为有了新的信息，我们可以根据新的信息缩小范围，得到一个后验概率：$P(A_3|B)$。

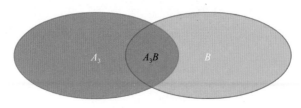

图 9-6　两个集合的交集

举一个简单的例子，假设你要确定一个骰子有没有被做过手脚，你可能会掷多次骰子，然后根据结果来推测，但是有没有想过你为什么可以这么做？你可能会说如果骰子做了手脚，那么各个点数出现的次数会很不一样。为什么点数出现的次数很不一样就可能是骰子有问题呢？我们用贝叶斯思想解决一下这个问题，将没问题的骰子看成一个空间 X，有问题的看成另一个空间 Y，我们想知道我们在哪个空间。假设根据以往的统计经验（先验概率）：

$$P(X) = 0.8$$

$$P(Y) = 0.2$$

通过多次掷骰子，我们有了新的信息，如果这个信息是"多次抛掷之后点数出现次数明显不同"，我们会更倾向认为我们的空间是 Y。为什么呢？将这条信息记为 A，根据经验，在 X 空间，A 发生概率为 0.1，Y 空间发生概率为 0.9

$$P(A\,|\,X) = 0.1$$

$$P(A\,|\,Y) = 0.9$$

我们想判断在知道 A 的情况下，X 还是 Y 更有可能

$$P(X|A) = P(A|X)P(X)\,/\,P(A) \propto 0.1 \times 0.8 = 0.08$$

$$P(Y|A) = P(A|Y)P(Y)\,/\,P(A) \propto 0.9 \times 0.2 = 0.18$$

比较这两个概率，我们发现 $P(Y|A)$ 较大，所以我们更倾向认为知道 A 发生后，空间更可能是 Y。

有没有感觉这个过程就像是一个断案过程？现在假设你是福尔摩斯，找到了一个命案嫌疑人，他无罪和有罪的先验概率比如是 $P($凶手$)=0.5$，$P($不是凶手$)=0.5$。这个时候，你发现嫌疑人进行过一次抢劫，那么此时我们根据新的信息推断，$P($凶手 $|$ 抢劫$)=0.6$，$P($不是凶手 $|$ 抢劫$)=0.4$。然后根据后续不断地观察，新的信息越来越多，$P($凶手 $|$（抢劫∩放火∩拐卖$)=0.99$，$P($不是凶手 $|$ 抢劫∩放火∩拐卖$)=0.01$。此时，根据足够的信息，此人是凶手的概率已经很高，我们有理由相信，他就是凶手。引起一个结果的原因有很多，贝叶斯理论就是在知道了结果的条件下，去反推到底是什么原因的过程。

用标准术语描述，贝叶斯定理描述了如何使用证据（我们在哪里，在哪个样本空间中）和先验信念（全集空间，或者更大的那个空间）计算事件或假设的条件概率。我们从先验信念开始，然后获取一些数据并用它来更新我们的信念。结果被称为后验（或后验信念）。我们之后获得了更多的数据，旧的后验成为一个新的先验，循环重复。

贝叶斯定理写作

$$P(\theta|X) = \frac{P(X|\theta)P(\theta)}{P(X)}$$

其中 X 是证据，θ 是信念。

- $P(\theta)$：就是先验概率，它代表了我们通过过去经验获得的信念，比如上面例子中嫌疑人在没有其他证据出现的时候是凶手的概率为 0.5。但是根据"嫌疑人进行过一次抢劫"，我们又可以将这个 "$P($ 凶手 $|$ 抢劫 $)=0.6$" 作为过去经验得来的信念而作为先验概率继续后续计算。

- $P(X)$：证据出现的概率。

- $P(X|\theta)$：在某信念条件下出现某证据的可能性，也就是似然。如上例子中，就是我相信嫌疑犯是凶手的话，有多大可能会发现他有过抢劫。一般似然记为 $L(\theta|X)$。

- $P(\theta|X)$：后验概率，有了新的证据后更新的信念。

因为我们最终比较的是后验信念哪个更大，我们选择"相信"更大的那个，而这个比较过程中 $P(X)$ 都是一样的，所以一般使用中，我们把上述公式写作：

$$P(\theta|X) \propto P(X|\theta)P(\theta)$$

简单来说就是旧的信念（$P(\theta)$）经过新的证据（$P(X|\theta)$）的支撑而更新为新的信念（$P(\theta|X)$）。如果有多个证据的话，就将所有证据相乘得到新的信念，即：

$$P(\theta|X \cap Y \cap Z) \propto P(X|\theta)P(Y|\theta)P(Z|\theta)P(\theta)$$

在机器学习中，数据就是证据，结果就是信念，我们的目的就是使用数据更新我们的信念。

9.1.5 试水情感分析

如图 9-7 所示，根据评论语句分析个人情感为正面评价还是负面评价。现在我们一共有 100 条评论，其中 60 条是正面的，40 条是负面的。

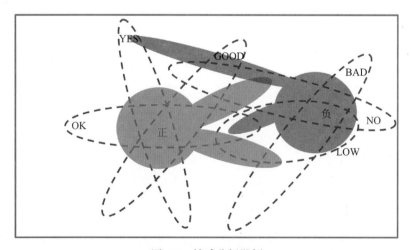

图 9-7 情感分析举例

1. 计算先验概率

根据数据，先验概率 $P(\text{正}) = 0.6$，$P(\text{负}) = 0.4$。

2. 计算后验概率

接下来开始搜集证据，当情感正面时，出现 "YES"、"OK" 和 "GOOD" 的次数分别为 10、5 和 20，则在证据存在的情况下，所有的空间中 $P(\text{YES}|\text{正面}) = \dfrac{10}{60} = 0.1667$，

$P(\text{OK}|\text{正面}) = \dfrac{5}{60} = 0.0833$，$P(\text{GOOD}|\text{正面}) = \dfrac{20}{60} = 0.3333$。使用贝叶斯公式，可以得到 $P(\text{正面}|\text{YES} \cap \text{OK} \cap \text{GOOD}) \propto P(\text{YES}|\text{正面})P(\text{OK}|\text{正面})P(\text{GOOD}|\text{正面})P(\text{正面})$。下一步可以采用类似方法计算 $P(\text{负面}|\text{YES} \cap \text{OK} \cap \text{GOOD})$，两个后验概率相比，谁大则听谁的，如此就得到了在一定词汇组合情况下，其情感为正还是为负。

9.2 贝叶斯算法解决银行客户分类问题

9.2.1 工作流

继续以银行客户分类问题为例，这次我们使用贝叶斯算法来解决。其工作流，如图 9-8 所示，总体而言其并没有多少变化，只要把模型更换即可。这个工作流中我们使用了 "Equal Size Sampling" 节点来平衡数据。

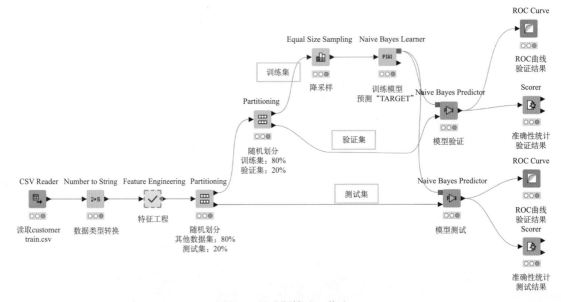

图 9-8　贝叶斯算法工作流

9.2.2 贝叶斯算法的学习器节点

这个工作流已经没有太多需要介绍的了，这里着重介绍一下贝叶斯算法的学习器节点

"Naive Bayes Learner", 按如图 9-9 所示进行设置。其中,"Default probability"（默认概率）, 这个数值一般设置为较小的一个数, 其用处是防止新的数据包含训练集中没有的数据, 导致判断概率为 0, 这个设置就是说如果没见过这个数据, 那就认为它出现的概率为 0.0001。另一个设置就是 "Maximum number of unique nominal values per attribute"（每列分类数据的最大数量）为 20, 这个设置是说如果一列分类数据分类数目超过 20, 那训练模型就不考虑这个列了。这是因为随着分类增多, 每种分类出现的概率会下降, 下降到一定程度的话就没有什么代表性了, 从而容易导致过拟合。

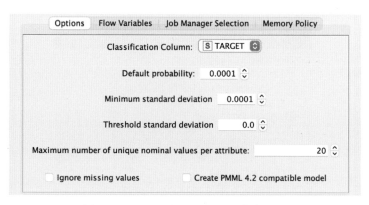

图 9-9　"Naive Bayes Learner" 节点设置

但是从测试结果中可以发现, 使用 KNIME 的贝叶斯算法解决这个问题并不合适, 因为模型几乎将所有样本都认为是 0（没有不满意）, 如图 9-10 所示。

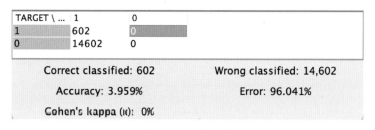

图 9-10　混淆矩阵

9.3　情感分析案例

下面我们使用 KNIME 完成一个 Kaggle 情感分析的案例, 为了完成这个任务, 首先我们需要安装一个 KNIME 插件, 然后从 KNIME 开源社区中找到一个工作流并加以修改实现这个功能。

9.3.1　安装插件

在 KNIME 中安装插件（Extensions）需要保证计算机处于联网状态, 之后单击 KNIME 界面右上角的 ⋮ Menu （Menu）按钮, 进入菜单页面, 如图 9-11 所示, 选择 "Install extensions"（安装插件）按钮。然后在打开的如图

安装插件

9-12 所示界面中，在输入框中输入"text"寻找要安装的插件，这里我们选择"KNIME Textprocessing"（KNIME 文本处理插件），单击"Next"（下一步）按钮继续，KNIME 会联网分析下载插件的信息，如图 9-13 所示，再次单击"Next"按钮。在打开的如图 9-14 所示界面中，选中"I accept the terms of the license agreement"（同意许可协议），单击"Finish"（完成）按钮即可开始安装。KNIME 插件在安装结束后，需要重新启动才能生效，并会弹出重新启动的弹窗，如图 9-15 所示，单击"Restart Now"（立即重启）按钮，待软件重启后便能够使用"KNIME Textprocessing"插件了。

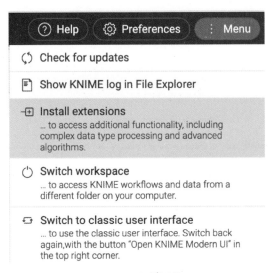

图 9-11　安装插件

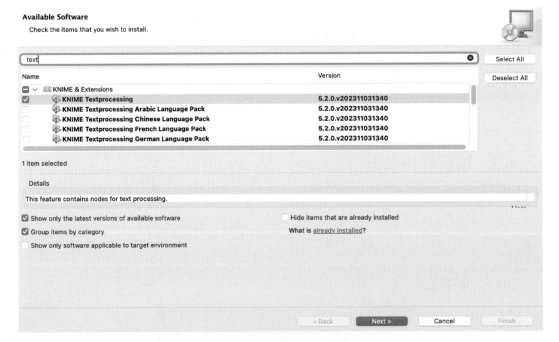

图 9-12　选择要安装的插件

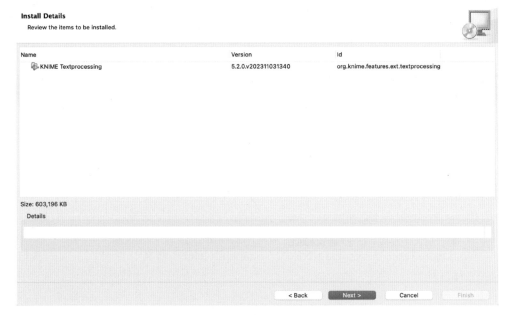

图 9-13　继续单击"Next"按钮

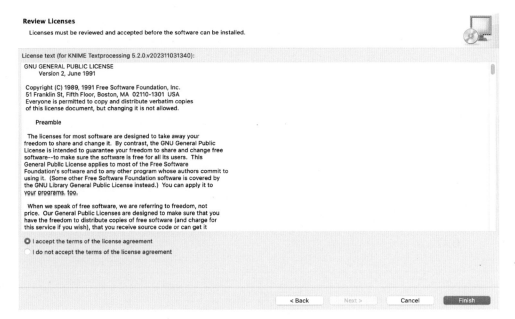

图 9-14　同意许可协议

图 9-15　重新启动

9.3.2　建立工作流

建立贝叶斯
分析工作流

下面的例子我们不自己创建工作流了，而是使用 KNIME 已有的工作流案例帮助完成情感分析。

1. 工作流来源

KNIME 提供了两种工作流案例供我们下载使用，一种是 KNIME 开源社区（KNIME Hub），另一种是云案例（EXAMPLES）。

1）KNIME 开源社区

KNIME 开源社区给我们提供了大量节点、组件和工作流，我们可以在社区中搜索相关的工作流并加载到本地计算机中加以使用。可以在本书配套工作流中下载 "Sentiment Analysis (Classification) of Documents" 这个工作流，或者按如下步骤进入 KNIME Hub 下载。

单击 KNIME 界面左上角的 ⌂ Home （Home）按键，打开 Home 界面，如图 9-16 所示，并单击 "Find more resources on the KNIME Community Hub" 链接，便进入了如图 9-17 所示的 KNIME Hub 社区。

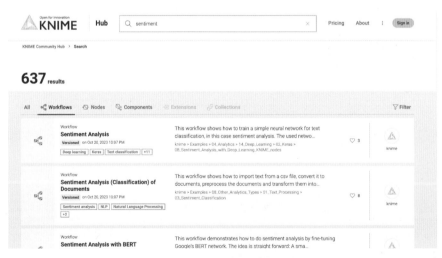

图 9-16　新版 KNIME 的 Home 界面

图 9-17　KNIME Hub社区

在 KNIME Hub 网页的搜索框中输入 "sentiment" 并回车，可以搜到很多与情感分析有关的节点、组件和工作流，我们选择 "Workflows"，并选择 "Sentiment Analysis

（Classification）of Documents" 这个工作流，如图 9-18 所示，可以对这个工作流进行预览。

单击图 9-18 右上方的 ▦ 按钮，将这个工作流拖曳（Drag & drop）到 KNIME 工作流区中，这个工作流就出现在了 KNIME 界面中。当然也可以先将工作流下载，然后再以导入（import）的方式读取。

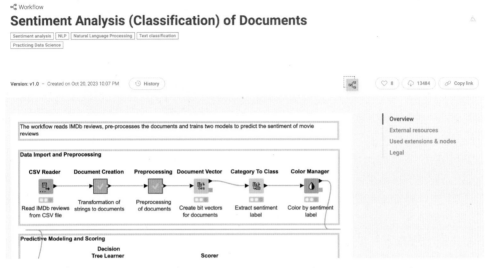

图 9-18　KNIME Hub 中的工作流

2）KNIME 云案例

除了在 KNIME Hub 中搜索工作流以外，也可以回到旧版界面中使用 KNIME 自带的云案例。在旧版界面的工作流区域双击云案例（EXAMPLES），然后在搜索框输入 "sentiment"并回车，就可以发现在云案例 "EXAMPLES" 组中有很多情感分析工作流，这里挑选比较简单的一个 "03_Sentiment_Classification"，如图 9-19 所示。下面演示的工作流就是对 "03_Sentiment_Classification" 进行修改的。

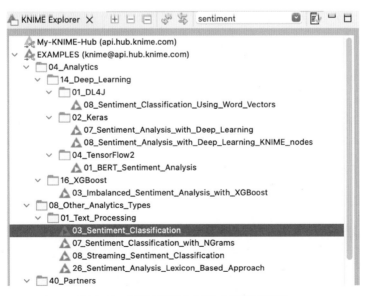

图 9-19　旧版 EXAMPLES 中搜索工作流

因为我们想试试贝叶斯算法，所以需要将"03_Sentiment_Classification"的决策树算法修改为贝叶斯算法节点。如图 9-20 所示，这个工作流首先读取数据，然后使用我们的数据建立一个文档，接着对文档进行预处理，进行向量转换，接着通入模型进行训练。

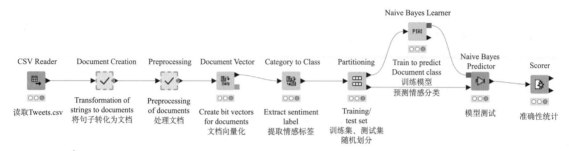

图 9-20　修改为贝叶斯算法的情感分析工作流

这个过程告诉我们，碰到不会的问题，可以利用 KNIME 社区或 KNIME 自带的工作流，可能会有很好的结果。贝叶斯相对其他算法效果不一定好，所以这个例子做出来的效果很差，但是只要简单地将贝叶斯相关节点替换成其他算法节点，就可以得到相当好的结果。

下面我们大致看下每步要做什么，关于字词处理的原理将在下一章中介绍，更多技术细节我们不太需要在入门阶段掌握。

2. 文档建立

文档建立内容在"Document Creation"Metanode 中，其具体工作流如图 9-21 所示。首先使用"Strings To Document"节点将要分析的句子转换成文档，然后使用"Column Filter"节点只保留转换后的文档。

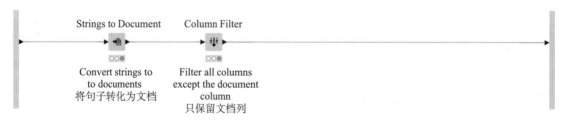

图 9-21　文档建立 Metanode

下面先看下"Strings To Document"节点的设置，如图 9-22 所示，这个节点最重要的是设置"Text"选项组，这里"Full text"选择"text"。然后设置训练的目标，就是"Use categories from column"，对应选择"Document category column"为"airline_sentiment"，这个就是训练的目标。其他选项可以不用管，确认即可。

接下来设置"Column Filter"节点，如图 9-23 所示只保留刚才创建的"Document"即可。

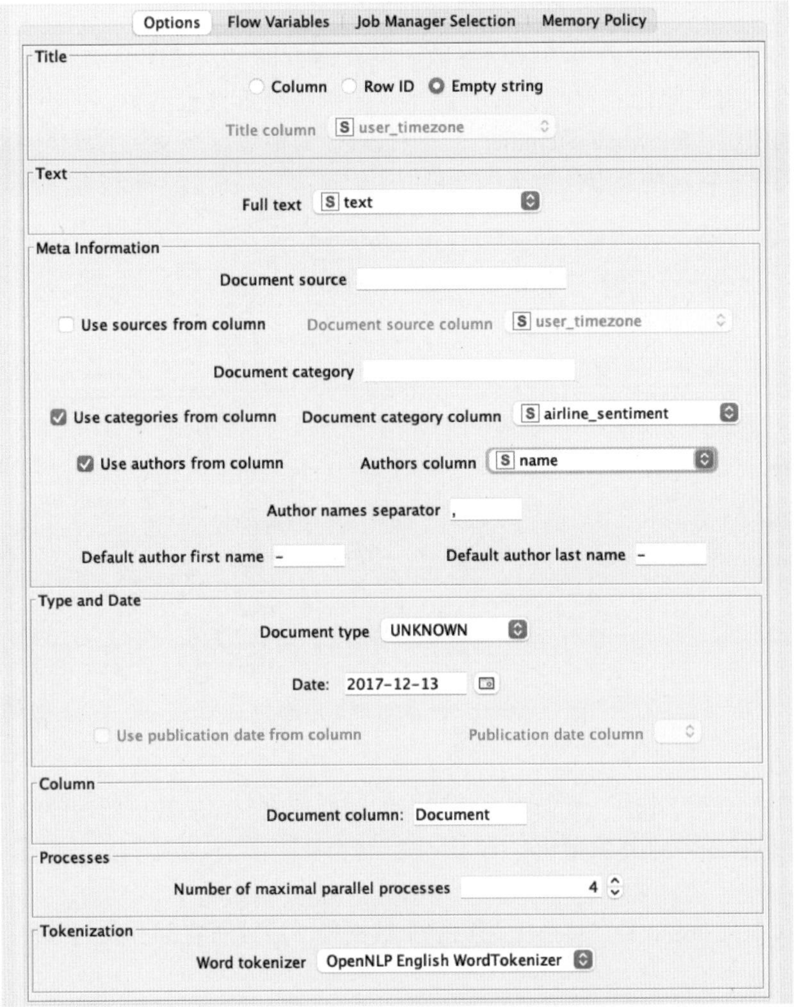

图 9-22　"Strings To Document" 节点设置

图 9-23　只保留 "Document"

3. 预处理

预处理部分不需要我们设置任何参数，只要运行即可，如图 9-24 所示，"Punctuation Erasure"节点负责删除标点符号，接着数字、结束字符等被过滤掉，所有字母转为小写。然后所有单词使用"Snowball Stemmer"节点处理。其他节点涉及到了具体的算法，这里不再叙述。我们只要将这些节点抄过来用就可以了。

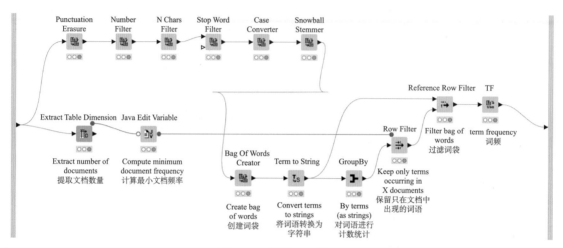

图 9-24　预处理工作流

4. 向量化

为了使用机器学习算法，我们需要将所有的词处理成更容易被机器理解的数字，这里使用"Document Vector"将其向量化。

5. 分类

"Category To Class"节点将分类信息赋予数据集。后续所有部分我们都很熟悉了，这里不再介绍。

9.4　课后练习

1. 样本空间是什么？
2. 举一个生活中例子说明你对条件概率的理解。

第10章

计算机视觉与自然语言处理

要拓展世界眼光，坚持对外开放，积极学习借鉴世界各国现代化的成功经验，在交流互鉴中不断拓展中国式现代化的广度和深度。

——习近平[①]

---

① 学习强国，习近平：为实现党的二十大确定的目标任务而团结奋斗。

本章知识点

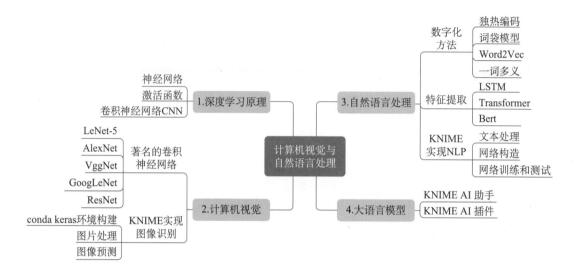

随着人工智能技术的进步，越来越多的从前不可能的任务可以由机器来完成了，比如我们常见的人脸识别和智能客服等。本章我们从计算机视觉（Computer Vision，CV）和自然语言处理（Natural Language Processing，NLP）入手，走近深度学习。

10.1 深度学习简介

深度学习（Deep Learning，DL）是机器学习的重要分支，结合图 10-1 来看，它是一种试图使用包含复杂结构或由多重非线性变换构成的多个处理层对数据进行高层抽象的算法。

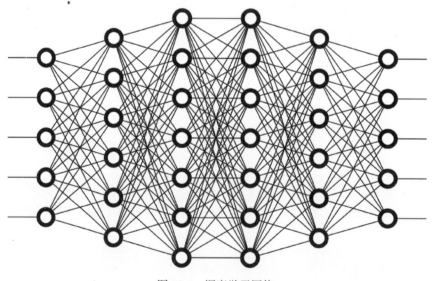

图 10-1 深度学习网络

图 10-1 所示的其实是一个比较简单的深度学习的神经网络。可以看到，这个网络由若干层组成，每层都会有若干节点，每个节点都会与相邻层的节点有连接。自深度学习出现以来，它已成为很多领域，尤其在计算机视觉（CV）和自然语言处理（NLP）中是不可替代的一部分。

深度学习模型训练很耗费资源，而且需要调大量超参数。

10.1.1　深度学习的关键

深度学习有三个关键要素：合适算法、强大计算和海量数据（见图 10-2）。

图 10-2　深度学习的关键

深度学习出现的时间并不晚，但是直到大约十年前才成为热门，关键因素就是这三个要素没有全部满足。

1989 年，扬·勒丘恩（Yann LeCun）等人将 1974 年提出的标准反向传播算法应用于深度神经网络，这一网络被用于手写邮政编码识别。尽管算法可以成功执行，但计算代价非常巨大，硬件资源不足，神经网络的训练时间达到了 3 天，因而无法投入实际使用。之后随着算法的不断改进和硬件的进步，使得机器学习算法的运行时间得到了显著的缩短。而且随着大数据技术的不断进步，深度学习有了海量的数据，更加能够发挥其优势。

10.1.2　我们的目标

我们在入门阶段，不需要掌握过多的深度学习知识。只要给定一个任务，你大概知道使用哪一个深度学习模型，会调用其接口就可以了，不需要训练模型，也不用知道各个模型工作原理。

简单来说，如果是图像类问题，则一般使用卷积神经网络（CNN）。如果是文字类，则一般使用循环神经网络（RNN）或者基于 Transformer 的模型。

10.1.3 深度学习原理概述

1.神经网络

如图 10-3 所示神经网络示意图，数据由输入层（Input Layer）输入网络，通过一系列隐藏层（Hidden Layer）将其转换为输出数据由输出层（Output Layer）输出。每一层都由一组神经元组成，其中每层都完全连接到之前层中的所有神经元。最后一层表示预测。

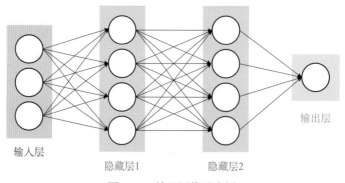

图 10-3　神经网络示意图

其中，每一个圆圈代表一个神经元，输入层和输出层之间的层就是隐藏层（有时简称隐层）。

2.激活

对于任何类型的神经网络来说，都要求非线性。神经网络都是通过激活函数传递其输入的加权和来实现的。激活函数有很多种，我们在初学阶段不需要知道太多，这里仅仅简单介绍一个。这个激活函数我们很熟悉了，就是 sigmoid（σ）函数，这里将其图像显示在图 10-4 中。任何线性关系和激活函数相乘后，都会变成非线性。

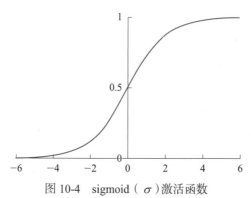

图 10-4　sigmoid（σ）激活函数

所以我们结合图 10-3，观察图 10-5，线性函数在神经元中经过激活函数的作用输出的是一个非线性函数，这个非线性函数又会加权，线性相加后输入下一层神经元，又一次被激活，由此不断重复直到最后一层。

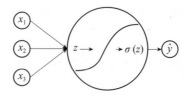

图 10-5　线性函数与激活函数

因此，最终特征映射中的值实际上不是总和，而是应用于它们的激活函数。正是因为激活函数，神经网络才有了巨大的威力。

3. 卷积神经网络（CNN）

如果神经网络的每层按照如图 10-6 所示三个维度（宽度，高度和深度）进行组织，一层中的神经元不连接到下一层中的所有神经元，而仅连接到它的一小部分区域，最终的输出将被减少到一个沿着深度方向的概率值向量，这种形式的神经网络就是卷积神经网络（CNN）。

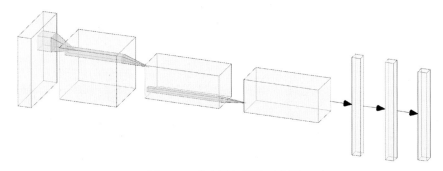

图 10-6　卷积神经网络示意图

4. 超参数

在前面章节中我们已经了解了超参数，但是在深度学习中超参数尤其重要，对模型训练起着至关重要的作用，但是我们初学阶段就不考虑这些了，因为我们只用模型，不训练模型。

10.2　计算机视觉著名的卷积神经网络

计算机视觉让机器可以像人一样用眼睛来感受世界。这里我们介绍几个常用的卷积神经网络模型，这些模型可以用在我们自己的图像识别类的项目中。

10.2.1　LeNet–5

LeNet-5 是 Yann LeCun 在 1998 年设计的用于识别手写数字的卷积神经网络，当年美国大多数银行就是用它来识别支票上面的手写数字的，它是早期卷积神经网络中最有代表性的实验系统之一。

LenNet-5 共有 7 层（不包括输入层），每层都包含不同数量的训练参数，如图 10-7 所示。

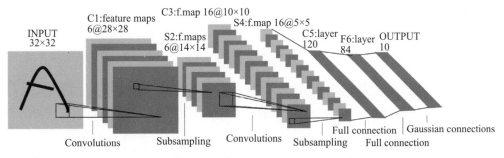

图 10-7　LeNet-5

然而，由于当时缺乏大规模训练数据，计算机的计算能力也跟不上，而且网络结构相对过于简单，LeNet-5 对于复杂问题的处理结果并不理想。

10.2.2　AlexNet

AlexNet 于 2012 年由 Alex Krizhevsky、Ilya Sutskever 和 Geoffrey Hinton 等人提出，并在 2012 ILSVRC（ImageNet Large-Scale Visual Recognition Challenge）中取得了最佳的成绩，如图 10-8 所示。这也是 CNN 第一次取得这么好的成绩，并且把第二名支持向量机远远地甩在了后面，因此震惊了整个领域，从此 CNN 网络开始被大众所熟知。

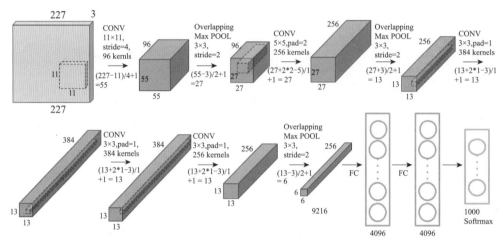

图 10-8　AlexNet

AlexNet 证明了 CNN 在复杂模型下的有效性，而且证明了使用 GPU 训练可在能接受的时间范围内得到结果。

10.2.3　VggNet

这个网络于 2014 年被牛津大学的 Karen Simonyan 和 Andrew Zisserman 提出，主要特点是"简洁，深度"。深度，是因为 VGG 有 19 层，远远超过了它的前辈；而简洁，则是在于它的结构，一律采用步幅为 1 的 3×3 滤波器，以及步幅为 2 的 2×2 最大池化。

VggNet 一共有 6 种不同的网络结构，但是每种结构都含有 5 组卷积，每组卷积都使用 3×3 的卷积核，每组卷积后进行一个 2×2 最大池化，接下来是三个全连接层。在训练高级别的网络时，可以先训练低级别的网络，用前者获得的权重初始化高级别的网络，可以加速网络的收敛。

如图 10-9 所示，网络结构 D 就是著名的 VGG16，网络结构 E 就是著名的 VGG19。

10.2.4　GoogLeNet

GoogLeNet（Inception）是 2014 年 Christian Szegedy 提出的一种全新的深度学习结构，在这之前的 AlexNet、VggNet 等结构都通过增大网络的深度（层数）来获得更好的训练效果，但层数的增加会带来很多负作用，比如过拟合、梯度消失、梯度爆炸等。GoogLeNet 的提出则从另一种角度来提升训练结果，它能更高效地利用计算资源，在相同的计算量下能提取到更多的特征，从而提升训练结果（见图 10-10）。

ConvNet Configuration					
A	A-LRN	B	C	D	E
11 weight layers	11 weight layers	13 weight layers	16 weight layers	16 weight layers	19 weight layers
input (224 × 224 RGB image)					
conv3-64	conv3-64	conv3-64	conv3-64	conv3-64	conv3-64
	LRN	**conv3-64**	conv3-64	conv3-64	conv3-64
maxpool					
conv3-128	conv3-128	conv3-128	conv3-128	conv3-128	conv3-128
		conv3-128	conv3-128	conv3-128	conv3-128
maxpool					
conv3-256	conv3-256	conv3-256	conv3-256	conv3-256	conv3-256
conv3-256	conv3-256	conv3-256	conv3-256	conv3-256	conv3-256
			conv1-256	**conv3-256**	conv3-256
					conv3-256
maxpool					
conv3-512	conv3-512	conv3-512	conv3-512	conv3-512	conv3-512
conv3-512	conv3-512	conv3-512	conv3-512	conv3-512	conv3-512
			conv1-512	**conv3-512**	conv3-512
					conv3-512
maxpool					
conv3-512	conv3-512	conv3-512	conv3-512	conv3-512	conv3-512
conv3-512	conv3-512	conv3-512	conv3-512	conv3-512	conv3-512
			conv1-512	**conv3-512**	conv3-512
					conv3-512
maxpool					
FC-4096					
FC-4096					
FC-1000					
soft-max					

图 10-9　VggNet

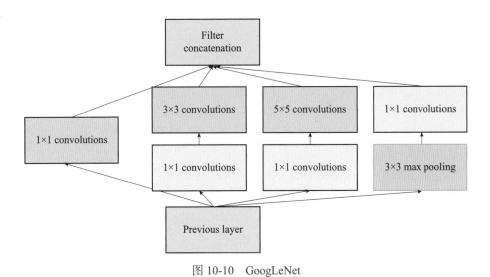

图 10-10　GoogLeNet

10.2.5　ResNet

ResNet 于 2015 年由微软亚洲研究院的学者们提出。CNN 面临的一个问题就是，随着层数的增加，CNN 的效果会遇到瓶颈，甚至会不增反降。这往往是梯度爆炸或者梯度消失引起的。ResNet 就是为了解决这个问题而提出的，因而帮助我们训练更深的网络。如图 10-11 所示，它引入了一个残差块来解决上述问题。

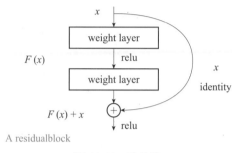

图 10-11　残差块

10.3　KNIME 实现卷积神经网络

10.3.1　环境构建

为了使用 KNIME 进行深度学习，我们还需要一些第三方工具。这些用到的第三方工具有：

环境构建

- TensorFlow，Google 的一个深度学习框架。
- Keras，基于包括 TensorFlow 在内的若干深度学习框架的一个更好用的框架。
- Python 语言环境。
- KNIME 与 Python、Keras 、TensorFlow 集成的扩展插件。

10.3.2　安装所需的工具

1. 安装 miniconda

miniconda 是一款小巧的 Python 环境管理工具，在浏览器地址栏中输入 https://conda.io/miniconda.html，进入网站选择自己的系统，下载并安装 miniconda。

安装所需的工具

2. 创建 Conda Keras 环境

第一步是安装 CPU 版本的 Conda Keras 环境。需要使用操作系统命令行，在 Windows 系统中使用 Anaconda Prompt，在 macOS 中使用 terminal，这里我们创建一个名为 "py36_knime" 的虚拟环境，在命令行工具中输入：

```
conda create -y -n py36_knime python=3.6 keras=2.1.6 pandas
```

这里我们安装了 Python3.6、keras2.1.6 和 pandas 工具包，miniconda 会自动帮我们安装 TensorFlow 版本。

第二步是激活并使用 "py36_knime" 环境。

在 Windows/Mac 命令行输入：

```
conda activate py36_knime
```

进入"py36_knime"环境后，我们在控制台依次输入"python"、"import keras"，当控制台分别显示 Python 版本和"Using TensorFlow backend"后说明我们环境配置成功，如图 10-12 所示。

```
(py36_knime) ██ █ ~ %python
Python 3.6.13 |Anaconda, Inc.| (default, Feb 23 2021, 12:58:59)
[GCC Clang 10.0.0 ] on darwin
Type "help", "copyright", "credits" or "license" for more information.
>>> import keras
Using TensorFlow backend.
>>>
```

图 10-12　Conda 环境配置成功界面

最后就是安装 KNIME 插件。在 KNIME 的插件系统中，要安装以下插件（方法参考上一章案例）：

- KNIME Deep Learning - Keras Integration。
- KNIME Deep Learning - TensorFlow Integration。
- KNIME Image Processing。

3. 设置环境

安装完 Conda 环境和 KNIME 插件后，需要在 KNIME 中启动并使用 Conda "py36_knime"环境，具体设置如下。

首先设置 Conda 安装的位置。依次单击软件右上角的设置 ⚙ Preferences（Preferences 按钮）→ KNIME → Conda，如图 10-13 所示，在"Path to the Conda installation directory"（Conda 安装路径）中选择你计算机中 miniconda 的安装路径。KNIME 会自动识别 Conda 的版本，最后单击"Apply"按钮设置成功。

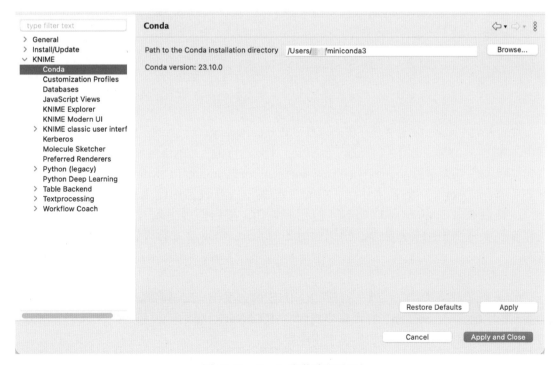

图 10-13　Conda 安装路径设置

然后设置 Python 使用环境。选择当前设置界面下的"Python（legacy）"选项，如图 10-14 所示，依次选择"Python version to use by"（Python 应用版本）为"Python 3"，"Python environment configuration"（Python 环境配置）为"Conda"，"Python 3（Default）"标签中选择我们刚创建好的"py36_knime"环境，最后单击"Apply"（应用）按钮设置成功。

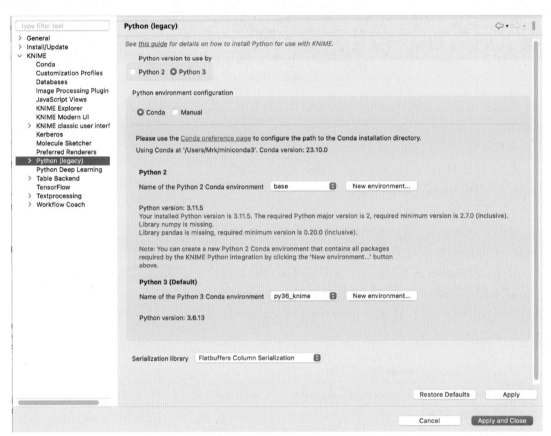

图 10-14　Python 环境设置

最后设置 Python 深度学习环境。选择"Python(legacy)"下面的"Python Deep Learning"选项，如图 10-15 所示，在"Library used for 'DL Python'"（Python 深度学习框架）标签中选择"Keras"，"Deep Learning Python environment configuration"（Python 深度学习环境配置）标签中选择"Conda"配置，并在"Keras"标签中选择我们刚刚创建好的"py36_knime"环境，最后单击"Apply and Close"（应用并关闭）按钮即可生效（由于我们本次使用的工作流仅支持 TensorFlow 版本，所以暂时不对 TensorFlow 2 进行设置）。更详细介绍请见官网。

4. 初步体验

回到 KNIME 旧版界面，双击打开 KNIME 的云案例（EXAMPLES），在图 10-16 所示的输入框中输入"Inception"并回车，找到"01_Classify_images_using_InceptionV3"并双击打开。或者从 KNIME Hub 的云案例中下载导入。

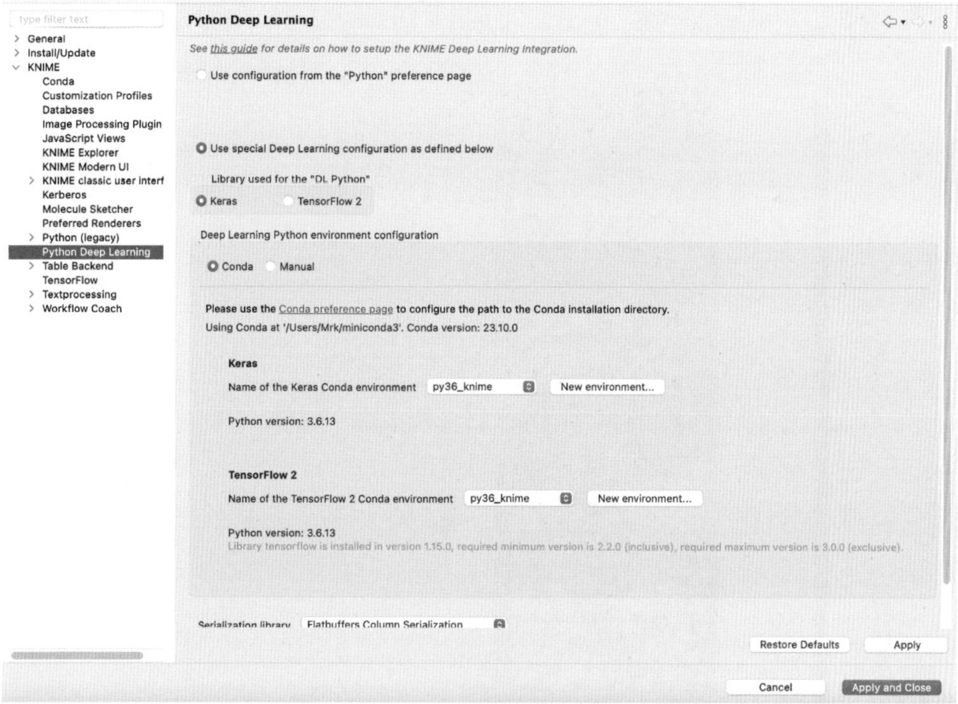

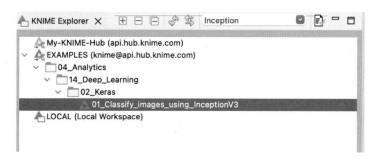

图 10-15 深度学习环境设置

图 10-16 "01_Classify_images_using_InceptionV3" 文件

可以看到如图 10-17 所示的工作流。

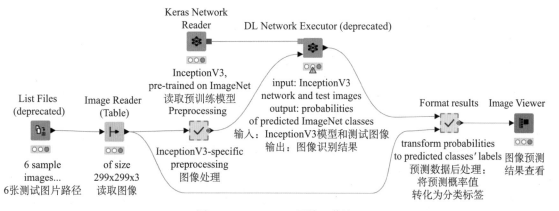

图 10-17 Inception 网络工作流

运行它，通过"Image Viewer"节点，就可以看到如图 10-18 所示对图像的预测结果。

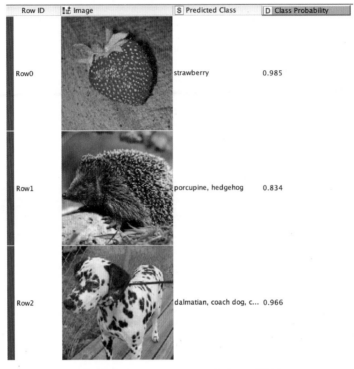

Row ID	Image	Predicted Class	Class Probability
Row0		strawberry	0.985
Row1		porcupine, hedgehog	0.834
Row2		dalmatian, coach dog, c...	0.966

图 10-18　"Image Viewer"节点查看结果

下面我们看看这个工作流都做了什么。

10.3.3　步骤分析

如图 10-17 所示，首先使用"List Files"节点读取图像文件的位置，然后使用"Image Reader"节点读入图片，接着使用"Preprocessing"节点根据模型要求预处理图片。另一方面，使用"Keras Network Reader"节点载入预训练好的 InceptionV3 模型。下一步将模型和预处理的图像数据通入"DL Network Excecutor（deprecated）"节点进行运算，经过进一步数据处理，最后通过"Image Viewer"节点就可以查看图像预测结果了。可以看出，这就是一个模型使用的过程，没有进行任何训练。

视觉步骤
分析

1. 预处理

我们可以简单看下预处理做了什么工作。展开"Preprocessing"节点，找到"Image Calculator"，可以发现，它的工作就是将原始图像像素存储为 0 ~ 255 的整数，将原始图像变换后，变为 -1 到 1 的整数，如图 10-19 所示。

2. 图片准备

如果预测自己的图片呢？我们需要将自己的图片首先转换成可以通入模型的尺寸。将图片尺寸变为模型要求的 299×299，设定文件存储位置，使用 KNIME 导入即可。

3. 训练

在深度学习的初级阶段，不要关心训练的问题，会调用已经训练好的模型就可以了。

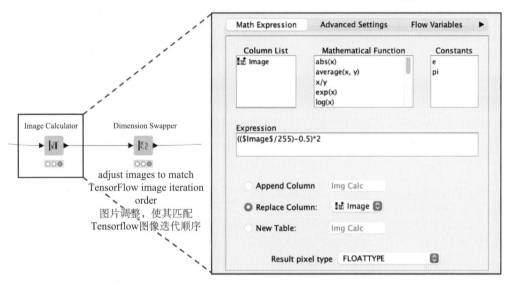

图 10-19　图片预处理

10.4　自然语言处理

自然语言处理能实现人与计算机之间用自然语言进行有效通信，是一门融语言学、计算机科学、数学于一体的科学。这一领域的研究涉及自然语言，即人们日常使用的语言。它与语言学的研究有着密切的联系，但又有重要的区别。它包括很多的内容，如语义分析、信息抽取、机器翻译等。其主要难点有单词的边界界定、词义的消歧、句法的模糊性和有瑕疵的或不规范的输入等。

10.4.1　自然语言怎么数字化

为了让计算机处理自然语言，我们自然要让计算机能够看懂自然语言。比如要做图像处理，图像像素本身就是数字化形式存在的，而且数字的大小有明确的意义，比如 [0, 0, 0] 表示黑色，而 [255, 255, 255] 表示白色。但是我们的语言怎么数字化呢？有读者可能说使用 Unicode。但是语言是有意义的，存在同义词等现象，我们如何使用数字化的方法表达这类问题？我们可以将自然语言表达为数字信号，而且通过这些数字信号看出语义联系等语言特征吗？

一个方法就是词嵌入（Word Embedding），即将词映射到一个向量空间，也就是将词嵌入到另一个便于计算的空间。如图 10-20 所示例子，我们将一些词映射在三维空间中。现在的问题就变成了，怎么做词嵌入呢？

1.独热编码

最开始的时候，人们简单粗暴地将每个常用词都对应到一个向量，采用的是独热编码（见图 10-21）。独热编码简单来说就是有多少个词就有多少比特，而且只有一个比特为 1，

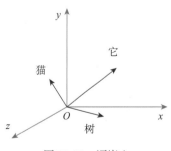

图 10-20　词嵌入

其他全为 0。比如性别有男和女，就可以分别编码为 01 和 10。这样编码之后，每一个词语都是一个维度，不过此向量将会很大，众多向量组成的矩阵也很大，0 也有很多（也就是这是一个稀疏矩阵）。而且还有一个大问题，就是每一个词与另一个词都是正交的，即每一个词都在一个不同的维度上。比如图 10-22 所示的例子，假设我们只要分析"我和你"这个句子，现在将句子中的三个词画出（我们也想画出 n 维空间，前提是有人能给我们一张 n — 1 维的纸）。假设"我"、"和"、"你"三个字分别对应 x、y、z 轴，则"我"可以向量化为 $[1,0,0]$，"和"可以向量化为 $[0,1,0]$，"你"可以向量化为 $[0,0,1]$。这三个词（字）都是正交的，也就是向量点乘为 0，可以理解为三个词之间都没有关系。但是凭借我们对语言的理解，"你"与"我"这两个词应该还是有点关系的吧？他们都是人称。目前的独热编码显然无法解决此类词义关联的问题。

a	abbreviation		zoology	zoom
1	0		0	0
0	1		0	1
0	0		0	0
0	0		0	0
0	0		0	0
.	.		.	.
.	.		.	.
.	.		.	.
0	0		0	0
0	0		1	0
0	0		0	1

图 10-21　独热编码的词语

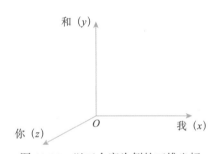

图 10-22　以三个字为例的三维坐标

2. 词袋模型

除了独热编码这种简单粗暴的方法，人们还想出了另外一个简单粗暴的方法，即词袋（Bag of Words，BoW）模型。词袋模型将句子或者文本看成一个袋子，里面装了各个词，而且这些词装入词袋的时候不需要关心词在句子中的次序（见图 10-23），然后将这个袋子用 {词：词出现的次数} 的形式表达。对于"学习方法对学习很重要"这句话来说，我们就可以转化成：{学习：2，方法：1，对：1，很：1，重要：1}。如果我们分析的世界仅仅有这几个词，那么我们可以将这个袋子转为一个向量：$[2,1,1,1,1]$。

注意：处理中文的时候常常都要分词，即不是按照字来处理的。比如这句话分词之后应该是"学习"、"方法"、"对"、"很"、"重要"几个词的组合。英文分词相对简单，比如最简单的可以根据空格分词，将一句话分为各个单词。

使用词袋模型后，各个句子之间的关系就可以通过计算句子之间的距离来衡量。这个距离

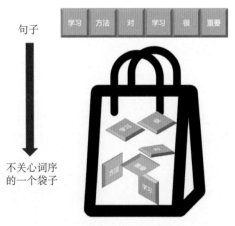

图 10-23　词袋模型

可以采用余弦距离、欧氏距离等。例如，有另外一个句子"学习很重要"，可以向量化为 [1,0,0,1,1] 。可以发现这两个句子从向量上看有了关系，而且不同句子可以通过比较它们的距离来比较近似程度等。

3. 神经网络语言模型

但是不管是独热编码还是词袋模型，都是每一个词对应一个维度。我们真的需要这么多维度吗？就像前面例子"我和你"，我们真的需要将"我"与"你"用两个维度表示吗？我们是否可以沿着这个思路，手动给词分类呢？比如"男"、"女"、"公"、"母"等分到"性别"维度，"我"、"你"、"它"等分到"人称"维度，等等。这么做是不是工作量太大了？可以让机器学习出来这个维度吗？我们可以使用神经网络语言模型（Neural Network Language Model，NNLM）来实现。它根据上文预测某个词是什么，同时可以得到一个词嵌入的矩阵。根据这个原理，有 Word2Vec 等方法来计算词嵌入。这些方法相对之前的方法很好地表达了自然语言。例如，如图 10-24 所示，它们可以正确地找到"巴黎 – 法国"与"北京 – 中国"的共同点，因为二者的词向量表示有："法国 – 巴黎 = 中国 – 北京"。从这个角度看，词向量代表了语义。

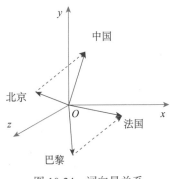

图 10-24　词向量关系

4. 一词多义

虽然 Word2Vec 等方法看起来十分优秀，但是在实际工作中并没有表现出十分出色。这是为什么呢？原因主要就是存在一词多义的问题。

为了解决这个问题，我们可以使用 ELMo，即 Embedding from Language Models，它可以动态调整词的向量表示（即语义）。比如为了达到动态的语义，ELMo 可以训练出三个词嵌入，分别是单词特征、句法特征和语义特征，在实际使用中根据上下文将三个词嵌入按照一定的比例相加。

ELMo 使用 LSTM 提取特征，那么什么是提取特征？LSTM 又是什么呢？

10.4.2　知识准备：特征提取

语言数字化为向量之后怎么用呢？所有向量将作为特征被输入某个模型吗？就像在图像识别中，我们很难将成千上万的向量输入模型中直接运算，而是想要提取出特征，然后将这些特征作为后面模型的输入。这样下一个问题就是如何提取出来词的特征。

1. LSTM

提取词向量特征的一个重要的结构就是循环神经网络（Recurrent Neural Network，RNN）。从图 10-25 所示的网络结构及箭头指向可以看出，RNN 的每一个输出不仅与当前输入有关，还和前面的输出有关。

但是某个词义不仅仅和前面一个词有关，它还取决于或近或远的其他词，就是要求网络不仅仅能记住附近有什么词，还要能够记住较远的词，所以产生了一种特殊的 RNN 网络，即长短期记忆网络(Long Short Term Memory Networks，LSTM)。如果结合多层 LSTM（见图 10-26），那么其能力还将继续提高。

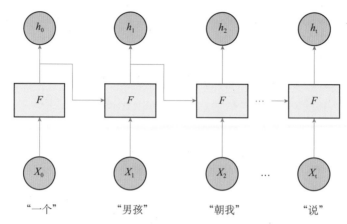

图 10-25　循环神经网络（x 为输入，h 为输出，F 为 RNN 的一个单元）

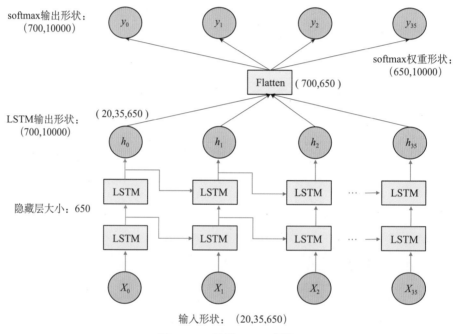

图 10-26　双层 LSTM 网络

但是 LSTM 在处理长句方面不太理想，而且并行计算的能力有限。

2. Transformer

既然 LSTM 有这些问题，那么有没有办法解决这些问题呢？这个办法就是 Transformer，它是谷歌在 2017 年做机器翻译任务的 "*Attention is all you need*" 的论文中提出的。其中使用了 Attention，即注意力机制。我们人类在看一段话的时候，不可能将每个词都赋予同样的重要性，肯定有一些比较重要的，那就更应 "注意" 这些词。注意力机制即仿照我们人类的注意力，将每句话不同词赋予不同的注意力权重，而且并行执行。这就解决了 LSTM 的两个问题。2018 年出现的 BERT（Bidirectional Encoder Representations from Transformers）即在 ELMo 和 Transformer 基础上，进一步提高了 NLP 在各个任务的表现。

注意：使用 CNN 也可以实现特征提取，也就是说 CNN 也可以应用在自然语言处理任务中。

10.5　KNIME 实现自然语言处理

10.5.1　初步体验

在第 9 章中，我们使用贝叶斯算法进行了情感分析，但是效果很差，接下来我们看一个用神经网络进行情感分析的例子。

同上文，在 KNIME 旧版界面的云案例（EXAMPLES）输入框中输入"Sentiment_Analysis"并回车，找到"08_Sentiment_Analysis_with_Deep_Learning_KNIME_nodes"这个工作流并打开，如图 10-27 所示。这个工作流是对通过训练一个简单的 LSTM 对 IMDB 影评进行情感分析的（Sentiment Analysis on IMDB movie reviews）。

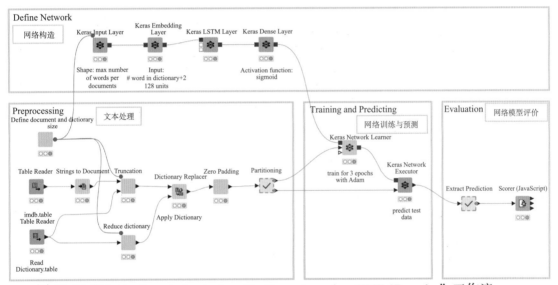

图 10-27　"08_Sentiment_Analysis_with_Deep_Learning_KNIME_nodes"工作流

如果打开过程中发现如图 10-28 所示问题，说明有插件没有安装，单击"Yes"按钮同意安装，之后都是按提示进行下一步的操作，重启软件生效，没有什么难度。

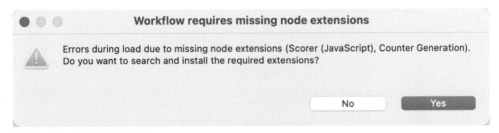

图 10-28　没有插件的提示

运行工作流，在"Extract Prediction"节点输出"sentiment"的预测结果"prediction"，如图 10-29 所示；单击"Scorer（JavaScript）"节点的"Open view"按钮查看模型评分结果，如图 10-30 所示，可以看到总体准确率（Overall Accuracy）为 78.08%，整体还不错。

Rows: 25000 | Columns: 4

#	RowID	sentiment String	AggregatedValues List	dense_1/Sigmoid:0_0 Number (double)	prediction String
1	Row...	0.0	[20001,20001,20001,...]	0.947	1.0
2	Row...	1.0	[20001,484,21,...]	0.934	1.0
3	Row...	1.0	[1194,17932,22,...]	0.014	0.0
4	Row...	0.0	[542,1096,3,...]	0.052	0.0
5	Row...	1.0	[1407,20001,14,...]	0.117	0.0
6	Row...	1.0	[52,22,8,...]	0.281	0.0
7	Row...	1.0	[20001,400,33,...]	0.107	0.0
8	Row...	1.0	[722,2,407,...]	0.635	1.0
9	Row...	1.0	[1784,4164,46,...]	0.923	1.0
10	Row...	0.0	[20001,20001,5004,...]	0.031	0.0
11	Row...	0.0	[342,72,51,...]	0.038	0.0
12	Row...	0.0	[20001,1,870,...]	0.021	0.0

图 10-29　"Extract Prediction"节点输出结果

Scorer View
Confusion Matrix

	0.0 (Predicted)	1.0 (Predicted)	
0.0 (Actual)	10512	1988	84.10%
1.0 (Actual)	3493	9007	72.06%
	75.06%	81.92%	

Overall Statistics

Overall Accuracy	Overall Error	Cohen's kappa (κ)	Correctly Classified	Incorrectly Classified
78.08%	21.92%	0.562	19519	5481

图 10-30　预测准确率

下面我们看看这个工作流是如何进行情感分析的。

NLP步骤
分析

10.5.2　步骤分析

图 10-27 中，首先两个"Table Reader"节点分别读取"imdb.table"和"Dictionary.table"，然后通过"Dictionary.table"将"imdb.table"进行数字化处理，并划分为训练集和测试集。另外，使用 4 个 Keras 节点定义了 LSTM 神经网络。下一步，将训练集经过"Keras Network Learner"节点进行神经网络训练，测试集经过"Keras Network Executor"进行测试，测试结果再经过进一步处理，最后通过"Scorer（JavaScript）"节点计算预测分数。

1. 数据输入

第一个"Table Reader"节点输入 50000 行的 IMDB 影评，如图 10-31 所示，数据包含文本描述"text"和情感标签"sentiment"，0 表示消极，1 表示积极。第二个"Table Reader"节点读取英文词汇字典，如图10-32所示，这张表将每个英文词汇映射到唯一索引"Trunaction"和"WordAsInteger"。文本的数字化就是通过映射词汇字典"Dictionary.table"实现的。

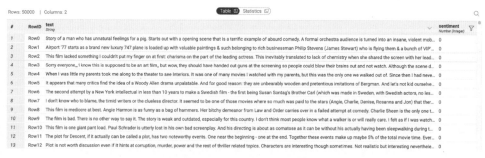

Rows: 50000 | Columns: 2

#	RowID	text String	sentiment Number (integer)
1	Row0	Story of a man who has unnatural feelings for a pig. Starts out with a opening scene that is a terrific example of absurd comedy. A formal orchestra audience is turned into an insane, violent mob...	0
2	Row1	Airport '77 starts as a brand new luxury 747 plane is loaded up with valuable paintings & such belonging to rich businessman Philip Stevens (James Stewart) who is flying them & a bunch of VIP'...	0
3	Row2	This film lacked something I couldn't put my finger on at first: charisma on the part of the leading actress. This inevitably translated to lack of chemistry when she shared the screen with her lead...	0
4	Row3	Sorry everyone„ I know this is supposed to be an art film„ but wow, they should have handed out guns at the screening so people could blow their brains out and not watch. Although the scene d...	0
5	Row4	When I was little my parents took me along to the theater to see Interiors. It was one of many movies I watched with my parents, but this was the only one we walked out of. Since then I had neve...	0
6	Row5	It appears that many critics find the idea of a Woody Allen drama unpalatable. And for good reason: they are unbearably wooden and pretentious imitations of Bergman. And let's not kid ourselve...	0
7	Row6	The second attempt by a New York intellectual in less than 10 years to make a Swedish film - the first being Susan Sontag's Brother Carl (which was made in Sweden, with Swedish actors, no les...	0
8	Row7	I don't know who to blame, the timid writers or the clueless director. It seemed to be one of those movies where so much was paid to the stars (Angie, Charlie, Denise, Rosanna and Jon) that ther...	0
9	Row8	This film is mediocre at best. Angie Harmon is as funny as a bag of hammers. Her bitchy demeanor from Law and Order carries over in a failed attempt at comedy. Charlie Sheen is the only one t...	0
10	Row9	The film is bad. There is no other way to say it. The story is weak and outdated, especially for this country. I don't think most people know what a walker is or will really care. I felt as if I was watch...	0
11	Row10	This film is one giant pant load. Paul Schrader is utterly lost in his own bad screenplay. And his directing is about as comatose as it can be without his actually having been sleepwalking during t...	0
12	Row11	The plot for Descent, if it actually can be called a plot, has two noteworthy events. One near the beginning - one at the end. Together these events make up maybe 5% of the total movie time. Ever...	0
13	Row12	Plot is not worth discussion even if it hints at corruption, murder, power and the rest of thriller related topics. Characters are interesting though sometimes. Not realistic but interesting neverthele...	0

图 10-31　IMDB 影评数据

Rows: 211065 | Columns: 3

#	RowID	Term as String String	Trunaction String	WordAsInteger String
1	Row0	.	10009369	1
2	Row1	the	10198095	2
3	Row2	a	10108235	3
4	Row3	and	10111291	4
5	Row4	,	10006966	5
6	Row5	of	10168880	6
7	Row6	to	10199625	7
8	Row7	is	10154264	8
9	Row8	in	10152022	9
10	Row9	this	10198645	10
11	Row10	it	10154375	11
12	Row11	that	10198046	12

图 10-32　英文词典数据

2. 文本处理

文本处理过程比较复杂，我们可以简单了解下它做了什么工作。展开"Truncation"组件，找到"Dictionary Replacer"节点（见图 10-33），由于要对英文进行情感分析，因此设置"Word tokenizer"（分词器）为"OpenNLP English WordTokenizer"（OpenNLP 英文标记器）。再经过"Zero Padding"组件，如图 10-34 所示，将文本"text"处理成数值向量"AggregatedValues"并作为模型的输入。

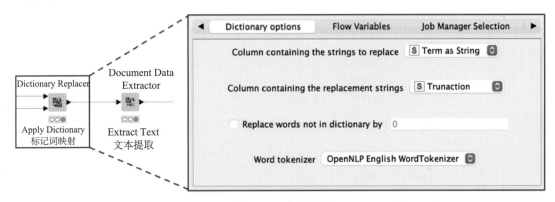

图 10-33　文本处理

Rows: 50000 | Columns: 2

#	RowID	sentiment Number (integer)	AggregatedValues ↓ List
1	Row0	0	[1898,6,3,...]
2	Row1	0	[12160,20001,543,...]
3	Row2	0	[52,29,3057,...]
4	Row3	0	[2876,328,5,...]
5	Row4	0	[266,13,17,...]
6	Row5	0	[43,706,12,...]
7	Row6	0	[18,388,585,...]
8	Row7	0	[13,51,23,...]
9	Row8	0	[52,29,8,...]
10	Row9	0	[18,29,8,...]
11	Row10	0	[52,29,8,...]
12	Row11	0	[18,122,15,...]

图 10-34　"Zero Padding"组件将文本转化为向量

3. 网络构造

在图 10-27 所示的工作流中，先后使用输入层（Input Layer）、嵌入层（Embedding Layer）、LSTM 层（LSTM Layer）和全连接层（Dense Layer），自定义了 LSTM 神经网络。对 4 种神经网络分别进行了参数设置，我们以 LSTM Layer 为例进行直观了解，不做深入探究。如图 10-35 所示，打开"Kearas LSTM Layer"节点的配置界面，可以看到"Input tensor"（输入张量）维度为上一层即嵌入层"Embedding Layer"embedding_1_0 : 0 [80, 128] float，它的维度是 80×128，"Activation" 激活函数为 Tanh 等。

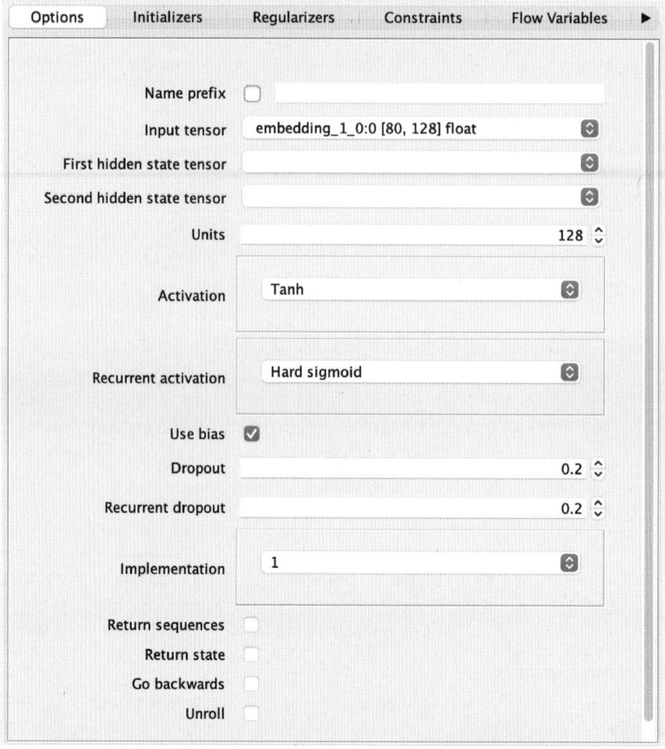

图 10-35 "Keras LSTM Layer" 节点设置

4. 网络训练和测试

打开 "Keras Network Learner" 节点进行设置，简单浏览一下对神经网络训练做了哪些设置。

● 输入数据设置（Input Data）：如图 10-36 所示，"Input columns"（输入列）为文本数字化处理后的 "AggregatedValues"，由于它是一个整数数组，所以 "Coversion"（转换器）选择 "From Collection of Number（integer）"。

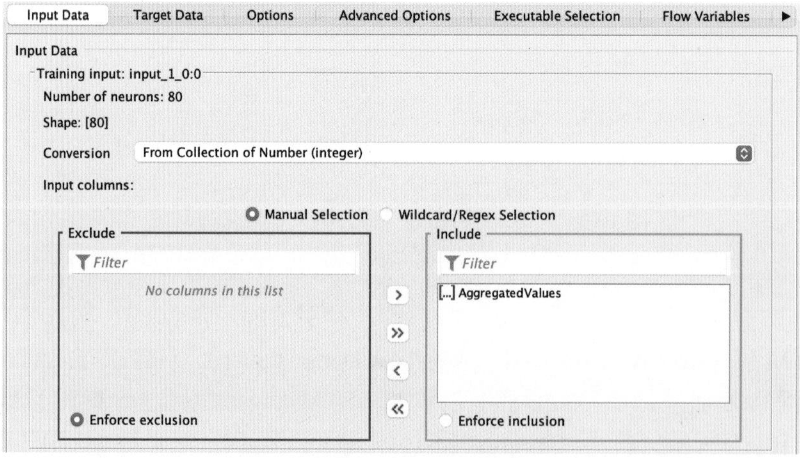

图 10-36 神经网络训练输入设置

● 输出目标设置（"Target Data"）：如图 10-37 所示，"Target columns"（输出目标）选择 "sentiment"，由于它是一个 0/1 的整数（二分类），所以 "Coversion"（转换器）选择 "From Number（integer）"，损失函数选择为 "Binary cross entropy"（二元交叉熵）。

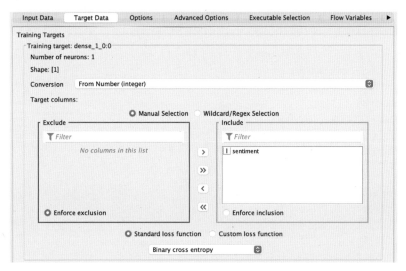

图 10-37　神经网络训练输出设置

● 超参数设置 "Options"：如图 10-38 所示，这里可以看到神经网络各种超参数的设置。

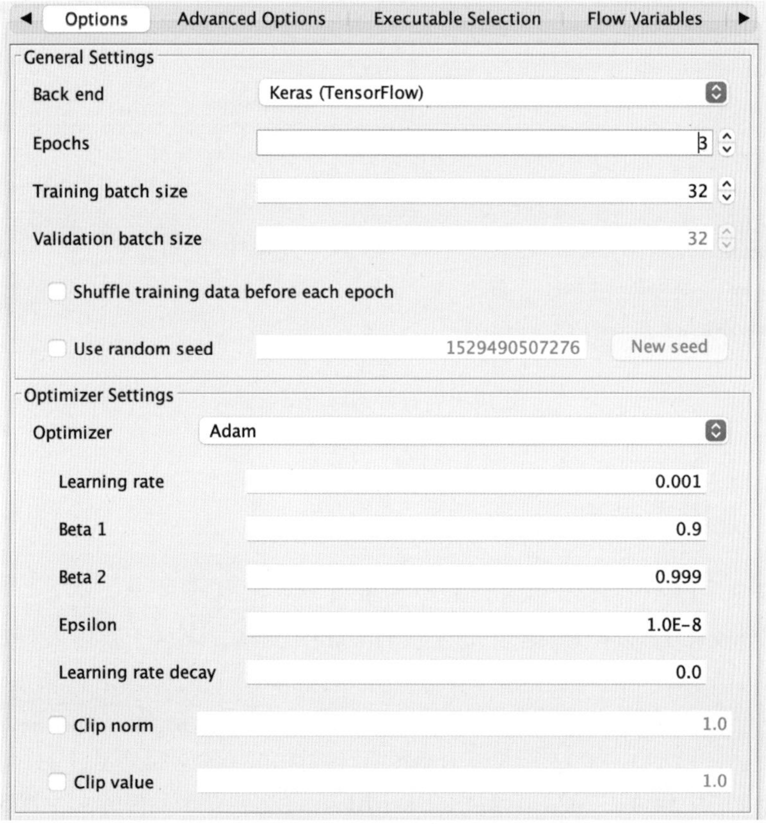

图 10-38　神经网络训练超参数设置

打开"Keras Network Executor"节点，可以看到如图 10-39 所示的设置。

- "Back end"（深度学习后端）选择"Keras (TensorFlow)"。
- 输入选项："Input columns"（输入列）为"AggregatedValues"，"Coversion"（转换器）同样选择"From Collection of Number（integer）"。
- 输出选项：因为预测输出为数字，所以"Conversion"（转换器）选择"To Number（double）"。

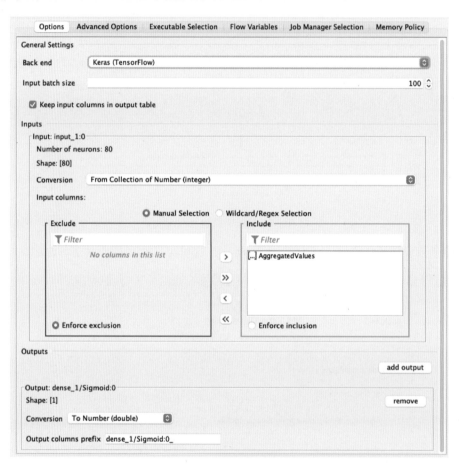

图 10-39　神经网络测试设置

10.6　大语言模型

大语言模型（LLM）其实并不是一个新鲜事物，但是真正进入公众视野，却是因为 2022 年 OpenAI 发布 ChatGPT 模型用于生成自然语言文本，以至于很多人只知道 ChatGPT，并不知道大语言模型，甚至在日常生活中经常用 ChatGPT 代称大语言模型。其实，除了 OpenAI，市场上已经有许多大语言模型。比如 2023 年 2 月，谷歌公布了聊天机器人 Bard，它由谷歌的大语言模型 LaMDA 驱动；中国的百度在 2023 年 3 月正式上线文心一言，其底层技术基础为文心大模型；2024 年 2 月，OpenAI 正式发布了人工智能文生视频大模型 Sora，标志着人工智能在理解真实世界场景并与之互动的能力方面实现了飞跃。

大语言模型的特点是大，其实就是参数多，众多的参数帮助大语言模型可以学习到语言中蕴含的复杂模式，生成可以以假乱真的文本。

当前版本的 KNIME 根据 LLM 为我们提供了 AI 助手（KNIME AI Assistant）和 AI 插件（KNIME AI Extension），让我们一起来体验一下吧。

10.6.1　KNIME AI 助手

在 KNIME 左侧功能导航区中，单击 AI 助手 📩（K-AI AI Assistant）标签，初次使用会提示我们先安装 AI Assistant，单击"Install AI Assistant"按钮，并按照提示安装插件。

待插件安装完毕软件重启后，再次单击 AI 助手标签，如图 10-40 所示，会提示"Login to My-KNIME-Hub"（登录 Hub 账号），因此读者需要先注册一个 KNIME Community Hub 账号并进行登录，该步骤比较简单，大家可以自己操作。在登录之前，建议阅读"Disclaimer"（免责声明），以确保服务条款与我们数据隐私要求兼容。

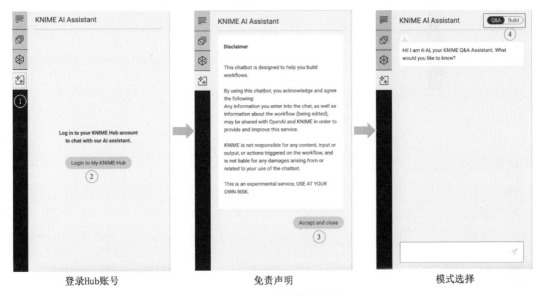

图 10-40　AI 助手操作步骤

再次进入 AI 助手后，在页面右上角会出现 `Q&A Build` 按钮，通过这个按钮我们可以选择"问答"和"开发"两种工作模式。

1. 问答模式

选择"Q&A"标签，进入 AI 助手问答模式。如图 10-41 所示，在该模式下，我们可以和 AI 助手进行问答式对话，让 AI 助手回答与 KNIME 开发相关的问题。KNIME 可以返回文本响应以及节点推荐，推荐的节点可以像在节点仓库一样，拖曳到工作流区即可使用。

2. 开发模式

选择"Build"模式，这种模式下 AI 助手可以帮助我们开发工作流。如图 10-42 所示，我们先为 AI 助手提供一个已经执行好的数据源（"CSV Reader"节点读取 Titanic 数据），选择数据，同时向 AI 助手发送"过滤掉 SibSPC 和 Parch 列，保留 Sex 和 Survived 列，选取前500 行数据，使用条形图绘制不同 Survived 下的 Fare 平均值"的请求，它便根据我们的要求帮我们生成了一个工作流。

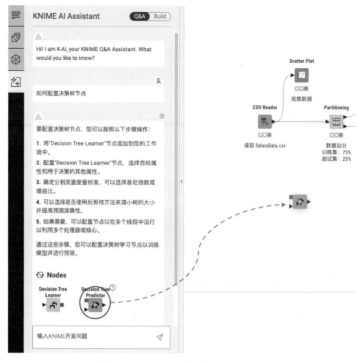

图 10-41　AI 助手问答应用示例

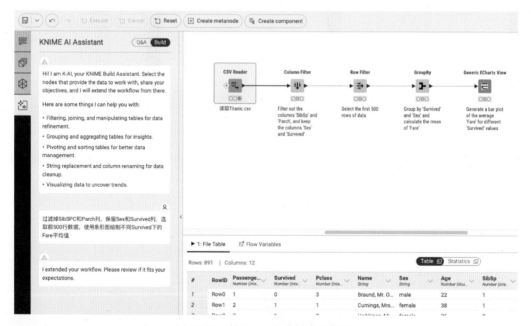

图 10-42　使用 AI 助手创建工作流

10.6.2　KNIME AI 插件

　　KNIME AI 插件可以实现在 KNIME 中构建大模型驱动的工作流，实现如聊天机器人等 AI 应用。它既支持 OpenAI 模型，也支持 Hugging Face Hub 的开源 LLM。使用 AI 工作流，

首先安装 "KNIME AI Extension" 插件，请读者自行安装。

接下来我们通过一个在 KNIME Hub 提供的 "OpenAI Agent" 的工作流来体验如何通过 KNIME 工作流构建大模型驱动的应用程序，如图 10-43 所示，这个工作流也可以实现人机交互式问答功能。不过这种方式通常需要 OpenAI key，使用起来并不是很方便，感兴趣的同学可以下载下来自己尝试。

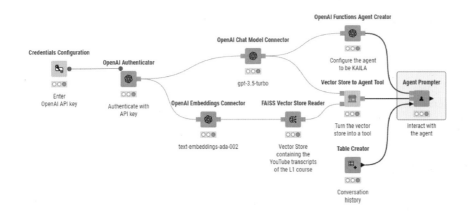

图 10-43　OpenAI Agent 应用示例

更多 AI 工作流示例（AI Extension Example Workflows）详见官方教程。

10.7　课后练习

1. 解决图像识别问题可以用什么模型？

2. 有了这些知识，我们就可以使用 KNIME 做一些深度学习的工作了。打开 "03_Train_MNIST_classifier"，试试吧！

3. 在 "08_Sentiment_Analysis_with_Deep_Learning_KNIME_nodes" 工作流中，如果换成汉语，该如何进行文本处理？

参考文献

1. Russell, Stuart J., and Peter Norvig. Artificial intelligence: a modern approach. Malaysia; Pearson Education Limited, 2016.

2. https://inst.eecs.berkeley.edu/~cs188/fa18/

3. scikit-learn 官网

4. 知乎

5. 维基百科

6. https://ujjwalkarn.me/2016/08/11/intuitive-explanation-convnets/

7. https://skymind.ai/wiki/convolutional-network

8. https://www.deeplearning.ai/

9. CSDN 社区